H. Stache H. Großmann

Waschmittel

Aufgaben in Hygiene und Umwelt

Für Mediziner – Chemiker – Biologen
Umweltforscher – Technologen
Hausfrauen und Hausmänner

Zweite aktualisierte Auflage
mit 54 Abbildungen und 23 Tabellen

Springer-Verlag
Berlin Heidelberg New York
London Paris Tokyo
Hong Kong Barcelona Budapest

Dr. Helmut Stache
Oppauerstraße 6
4370 Marl

Dr. Heinrich Großmann
Hessenstraße 183
8700 Würzburg

ISBN-13:978-3-540-55324-3   e-ISBN-13:978-3-642-77400-3
DOI: 10.1007/978-3-642-77400-3

CIP-Kurztitelaufnahme der Deutschen Bibliothek
Stache, Helmut: Waschmittel : Aufgaben in Hygiene und Umwelt ;
für Mediziner – Chemiker – Biologen, Umweltforscher – Technologen,
Hausfrauen und Hausmänner ; mit 23 Tabellen / H. Stache ; H. Grossmann. –
2., aktualisierte Aufl. – Berlin ; Heidelberg ; New York ; London ; Paris ;
Tokyo ; Hong Kong ; Barcelona ; Budapest : Springer, 1992
ISBN-13:978-3-540-55324-3

Dieses Werk ist urheberrechtlich geschützt. Die dadurch begründeten Rechte, insbesondere die der Übersetzung, des Nachdrucks, des Vortrags, der Entnahme von Abbildungen und Tabellen, der Funksendung, der Mikroverfilmung oder der Vervielfältigung auf anderen Wegen und der Speicherung in Datenverarbeitungsanlagen, bleiben, auch bei nur auszugsweiser Verwertung, vorbehalten. Eine Vervielfältigung dieses Werkes oder von Teilen dieses Werkes ist auch im Einzelfall nur in den Grenzen der gesetzlichen Bestimmungen des Urheberrechtsgesetzes der Bundesrepublik Deutschland vom 9. September 1965 in der jeweils geltenden Fassung zulässig. Sie ist grundsätzlich vergütungspflichtig. Zuwiderhandlungen unterliegen den Strafbestimmungen des Urheberrechtsgesetzes.

© Springer-Verlag Berlin Heidelberg 1985 und 1992

Die Wiedergabe von Gebrauchsnamen, Handelsnamen, Warenbezeichnungen usw., in diesem Werk berechtigt auch ohne besondere Kennzeichnung nicht zu der Annahme, daß solche Namen im Sinne der Warenzeichen- und Markenschutz-Gesetzgebung als frei zu betrachten wären und daher von jedermann benutzt werden dürften.

Produkthaftung: Für Angaben über Dosierungsanweisungen und Applikationsformen kann vom Verlag keine Gewähr übernommen werden. Derartige Angaben müssen vom jeweiligen Anwender im Einzelfall anhand anderer Literaturstellen auf ihre Richtigkeit überprüft werden.

Satz: Fotosatz-Service Köhler, Würzburg-Heidingsfeld

51/3020-5 4 3 2 1 0 – Gedruckt auf säurefreiem Papier.

Vorwort zur zweiten Auflage

In den letzten Jahren hat eine bemerkenswerte Entwicklung in der Waschmittelchemie stattgefunden. Weitere chemisch-technische Erkenntnisse, ökologische Forderungen des Gesetzgebers oder der Öffentlichkeit und neue Rohstoffbasen haben zu signifikanten Änderungen in den Formulierungen der pulverförmigen und flüssigen Waschmittel geführt und damit den Waschprozeß weiter optimiert. Dazu gehören auch eingreifende Verbesserungen bei der Konstruktion der Haushalts-Waschmaschinen und damit beim Ablauf des Wasch- und Spülvorganges. So konnte das Problem der Eutrophierung unserer Gewässer durch die Waschmittel-Phosphate gelöst werden, der biologische Abbau der Tenside oder die Elimination der nichttensiden Waschmittel-Inhaltsstoffe wurde durch neuere Untersuchungen vorangetrieben, der Energie- und Wasserhaushalt und damit auch die Dosierung der Waschmittel wurde beachtlich reduziert.

Diese tiefgreifenden Verbesserungen haben es notwendig gemacht, einige Kapitel der ersten Ausgabe nicht nur zu überarbeiten, sondern völlig neu zu erstellen. Um die dadurch notwendigen Erweiterungen des Umfangs von der zweiten Auflage in Grenzen zu halten, wurde auf das Kapitel „Kosmetische Reiniger" verzichtet. Interessierte Leser finden eine ausführliche Liste der einschlägigen Literatur im Anhang.

Wir danken allen Kollegen und Freunden für Hilfe und Anregungen. Besonderen Dank sagen wir Herrn Dr. Künstler, Henkel KGaA, und Herrn Dipl.-Kaufm. L. Noll, TEGEWA, für die Vermittlung ihres Fachwissens über die Humantoxikologie der Tenside und die Gesetzgebung in der Waschmittelchemie. Dem Carl

Hanser Verlag sagen wir unseren Dank für die Genehmigung, auszugsweise Material aus dem Tensid-Taschenbuch übernehmen zu können.

Möge das Buch seinen Weg als Einführung in die Waschmittelchemie für interessierte Leser finden.

Marl, Oktober 1991 Helmut Stache
  Heinrich Großmann

Vorwort zur ersten Auflage

Dieses Buch ist eine Einführung in das große Gebiet der Wasch- und Reinigungsmittel, die auch das Gebiet der reinigenden Kosmetik berührt. Es wendet sich weniger an den Fachmann, sondern will jedermann veständlich sein, dem Chemiker wie dem Biologen oder Mediziner, dem Lehrer und dem Schüler. Allerdings, die Rolle und Notwendigkeit der Chemie muß dabei dargelegt werden. Unserer Zeit gemäß nehmen Umweltprobleme in diesem Buch einen verhältnismäßig breiten Raum ein.
Auf einzelne Literaturzitate wurde verzichtet, der Leser findet aber am Ende des Buches eine Aufstellung von Fachbüchern und einschlägigen Schriften, in denen er sich weiter informieren kann.
Wir danken Autoren und Verlegern für die Genehmigung, Tabellen und Bilder aus anderen Werken übernehmen zu dürfen. Bei Teilbereichen haben uns Kollegen mit Rat und Tat unterstützt. Auch dafür sagen wir Dank. Dr. G. Jakobi, Henkel KGaA, gilt unser besonderer Dank für die fachmännische Überarbeitung unseres Manuskripts.

Marl, Juli 1985　　　　　　　　　Helmut Stache
　　　　　　　　　　　　　　　　Heinrich Großmann

Inhaltsverzeichnis

Überblick 1
Wirtschaftliche Bedeutung der Waschmittel 1
Geschichtliche Entwicklung 4
Der Weg zum Waschvollautomaten 7
Die Waschmittel in unserer Umwelt 11

Der Waschprozeß 15
Kleine Textilkunde 16
  Naturfasern 17
    Fasern pflanzlicher Herkunft 17
    Fasern tierischer Herkunft 18
  Chemiefasern 18
    Cellulose-Kunstfasern 18
    Eiweiß-Kunstfasern 19
    Chemiefasern aus synthetischen Rohstoffen . 19
Die Haut 22
Der Schmutz: Zusammensetzung
und Eigenschaften 23
Das Waschmedium 27
  Die „Härte" des Wassers 27
Energie und Mechanik beim Waschen 28
  Die Waschmaschine 28
    Industriewaschmaschinen 32
    Waschmaschinen für die gewerbliche
    Wäscherei 32

**Chemisch-physikalische Grundlagen des
Waschprozesses** 34
Molekularer Aufbau und Systematik
der Tenside 34

X Inhaltsverzeichnis

Eigenschaften von Tensid-Lösungen,
Micell-Bildung 36

Die Theorie des Waschens 39

Benetzen von Faser und Schmutz 39
Ablösen des Schmutzes 41
Ablösen flüssiger Anschmutzungen 42
Ablösen fester Anschmutzungen 43
Wegspülen des Schmutzes 47

Waschmittel und ihre Inhaltsstoffe 48

Begriffsbestimmungen 48
Die Tenside 50
  Anionische Tenside 53
    Alkylbenzolsulfonat (LAS) 53
    Alkansulfonat (SAS) 56
    α-Olefinsulfonate (AOS) 57
    α-Sulfofettsäureester (SES) 58
    Fettalkoholsulfate (FAS) 58
    Carboxylate (Seifen) 59
    Alkylether-Sulfate (FES) 59
  Nichtionische Tenside (Niotenside) 60
    Fettsäurealkylolamide 61
  Kationische Tenside 62
  Amphotere Tenside 63
Die Gerüstsubstanzen 64
Die Bleichmittel 66
Die Hilfsstoffe 69
  Bleich-Aktivatoren 69
  Enzyme 71
  Vergrauungs-Inhibitoren 71
  Schaumregulatoren 71
  Optische Aufheller 73
  Parfüm 74
  Korrosions-Inhibitoren 74

Inhaltsverzeichnis XI

Haushaltswaschmittel 75

Pulverförmige Universalwaschmittel 75
60°-Waschmittel 76
Niedrigtemperatur-Waschmittel, Fein-, Bunt-
und Spezialwaschmittel 78
Flüssigwaschmittel 79
Baukasten-Waschmittel 81
Kompakt-Waschmittel 82
Waschhilfsmittel, Einweichmittel und Enthärter . 83
Nachbehandlungsmittel 84

Waschverfahren 87

Herstellung von Waschmitteln 90

Die Seifenherstellung 90
Die Waschpulverherstellung 92

Waschmittel und Umwelt 95

Aquatische Probleme, der biologische Abbau ... 97
Abwasserreinigung 99
Die aquatische Toxikologie der Waschmittel ... 105
Tenside 108
Nichttensidische Wasch- und Reinigungsmittel- .
Inhaltsstoffe 109
Humantoxikologie 112
Ökowaschmittel 116

Ausblick 118

**Gesetz über die Umweltverträglichkeit
von Wasch- und Reinigungsmitteln
(Wasch- und Reinigungsmittelgesetz – WRMG)** .. 120

Chemikaliengesetz 123

Regelung zum Schutz von Mensch und Umwelt .. 124

Allgemeine Literatur 128

Fachbücher 128
Literatur über Kosmetik und kosmetische
Reiniger 131
Veröffentlichungen in Zeitschriften 133

Sachverzeichnis 134

Überblick

Wirtschaftliche Bedeutung der Waschmittel

Schon vor Jahrtausenden hat der Mensch Hände und Körper am Bach, See oder Tümpel mit Wasser gereinigt. Auch Sand wurde von Alters her – besonders in wasserarmen Gegenden – zum Reinigen verwendet. Zum Anfang waren also das Wasser und der Sand die klassischen „Scheuermittel".

Unter „Waschmitteln" verstehen wir heute Produkte, die im Zusammenwirken mit Wasser dazu bestimmt sind, den Menschen und sein unmittelbares Umfeld zu säubern. Die mannigfaltigen Industriereiniger und die kosmetischen Reinigungsmittel sollen hier nicht behandelt werden. Über letztere findet der interessierte Leser eine ausführliche Literatur-Zusammenstellung im Anhang.

Die Waschmittelindustrie ist mit ca. 2% des Gesamtumsatzes ein relativ kleiner Industriezweig der chemischen Industrie. Dennoch ist ihre wirtschaftliche Bedeutung nicht außer Acht zu lassen.

Der Markt an Wasch- und Reinigungsmitteln stagniert seit einigen Jahren. Er hat sich für die alte Bundesrepublik auf ca. 1,7 Mio. t/Jahr eingependelt und gliedert sich auf in

63% Waschmittel
13% kosmetische Reiniger und
24% sonstige Reinigungsmittel wie Geschirr-, Allzweck-, Sanitär u. Fußbodenreiniger.

Der Seifenverbrauch mit ca. 125 000 t/Jahr ist bis 1988 um etwa 20 000 t/Jahr zurückgegangen, inzwischen aber wieder auf den Wert von 1980 angestiegen.

Bei den Waschmitteln steht ein immer differenzierteres Angebot dem stagnierenden Markt gegenüber. Hier versucht die Waschmittelindustrie durch immer neue, zum Teil nur graduell veränderte Produkte, die Gunst der Kunden zu gewinnen. Die phosphatfreien Vollwaschmittel für die 30°, 60° und 90°C Anwendungstemperatur, flüssige

2 Überblick

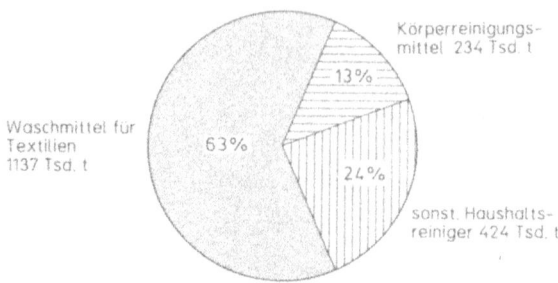

Abb. 1. Produktion von Wasch- und Reinigungsmitteln sowie Körperreinigungsmitteln in den alten Bundesländern 1990

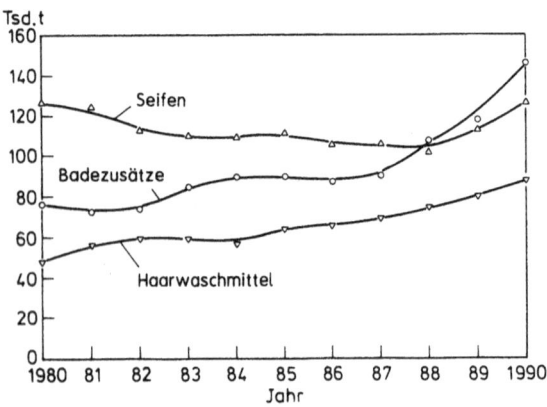

Abb. 2. Produktion von Seifen, Haarwaschmitteln und Badezusatzmitteln in der BRD 1980–1990

Waschmittel, Volumenkonzentrate, Kompakt-Waschmittel, Baukasten-Waschmittel sind typische, zum Teil gravierende Entwicklungsschritte der letzten Jahre. Sie halten den Markt in Bewegung und sind letztlich noch nicht das Ende einer turbulenten Entwicklung und oft auch noch nicht ausdiskutiert.

Auch die optimale Waschtemperatur und das jeweils beste Waschverfahren (z. B. die Frage der notwendigen Vorwäsche, bzw. das Ein- oder Zweibad-Waschverfahren) werden in der Industrie, den Instituten oder den Verbänden unterschiedlich behandelt und können sicher noch die Gunst des Kunden beeinflussen. Abbildung 3 zeigt die Entwicklung der Wasch-, Spül- und Reinigungsmittel von 1980–1990.

Wirtschaftliche Bedeutung der Waschmittel 3

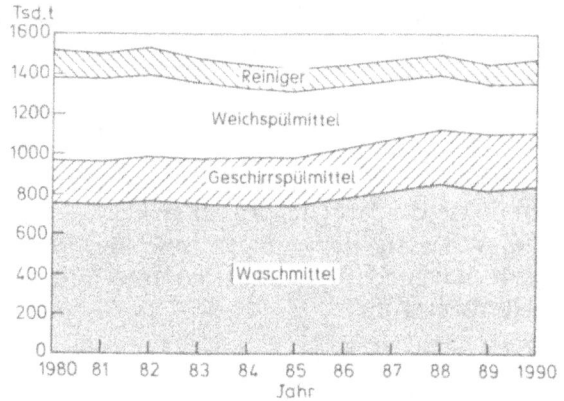

Abb. 3. Produktion von Wasch-, Spül- und Reinigungsmitteln in der BRD 1980–1990

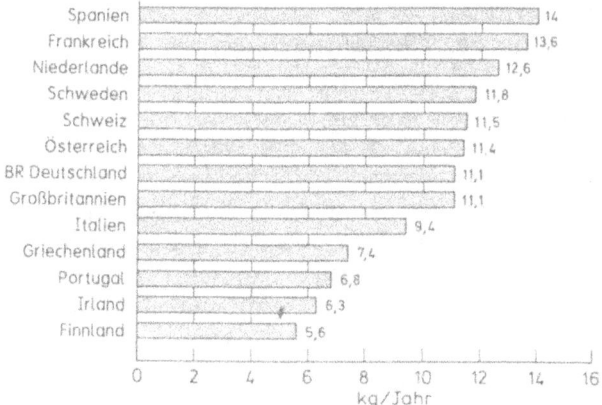

Abb. 4. Waschmittel-pro-Kopf-Verbrauch in Europa

Im Pro-Kopf-Verbrauch sind die Bürger der alten Bundesrepublik nicht Weltmeister, wie in den Medien oft fälschlich behauptet. Die Grafik (s. Abb. 4) gibt darüber Auskunft.
Die sichtbare Reduzierung der Produktion ab etwa 1985 und besonders ab 1988 sollte allerdings zu keinem Trugschluß verleiten; hier wirkt sich eine Marktbewegung durch Konzentrate und neue Wirkstoffe aus. Bei den Geschirrspülmitteln ist eine geringe Zunahme zu verzeichnen.
Leider gibt die amtliche Statistik nur unzulänglich Auskunft über Waschmittel-Verbrauch und Waschgewohnheiten der Haushalte der

5 neuen Bundesländer. Es ist aber anzunehmen, daß von den neuen Bundesländern wenig Impulse auf dem Waschmittelmarkt zu erwarten sind. Wahrscheinlich werden sich die 6,5 Mio. Haushalte mit ihren 16,4 Mio. Einwohnern auf Grund der intensiven Werbung der Industrie zunächst einmal zum großen Teil auf die bewährten Produkte des Westens umstellen. Die stärksten Bewegungen sind im Markt der Weichspüler zu verzeichnen; dafür sorgen Konzentrate, Nachfüllpackungen und neue Wirkstoffe.

Geschichtliche Entwicklung

Am Anfang war die Seife...., damit überspringen wir einen Zeitabschnitt, in dem wahrscheinlich der Wascheffekt des reinen Wassers bei Kleidungsstücken nur durch Schlagen, Treten oder Reiben verbessert wurde. Homer beschreibt im 6. Gesang der Odyssee, wie Nausikaa mit ihren Gespielinnen zum Strand geht, um Wäsche zu waschen und am Strand zu trocknen. Wir haben hier ein Beispiel der Schmutzentfernung nur durch Muskelkraft und die Ausnutzung der bleichenden Wirkung von Sonnenlicht. Von einem Waschmittel sagt Homer nichts. Indessen, es hat doch schon früh so etwas wie „Waschmittel" gegeben: Im alten Rom sammelte man Urin, vergor ihn unter Ammoniak-Bildung und wusch damit die Wäsche. Kaiser Vespasian erkannte die neue Einnahmequelle, er belegte diese Art des Waschens mit Steuern und schuf für die Nachwelt sein geflügeltes Wort: Pecunia non olet = Geld stinkt nicht!
Die Sumerer (um 2500 v. Chr.) gelten heute als das älteste Kulturvolk, welches, wie sie in Keilschrift überlieferten, die Kunst verstand, aus Holzasche und Öl eine seifen-ähnliche Substanz herzustellen. Bei den Aufzeichnungen handelt es sich um Angaben zum Weben, Waschen und Walken von Wollstoffen. Ein detailliertes Rezept sagt, in welcher Relation Öl und Holzasche verkocht werden mußten, um Seife zu erhalten.
Die erste Überlieferung einer chemischen Reaktion! Auch von den Ägyptern, Galliern und Germanen ist die Herstellung von verseiften Fetten und Ölen bekannt. Solche Seifen dienten allerdings weniger zum Waschen, sondern als Kosmetikum und Heilmittel. Erst der

in Rom praktizierende griechische Arzt Claudius Galenos (131–201 n. Chr.) machte auf die Reinigungswirkung der Seife aufmerksam.
Nur spärlich sind die weiteren Überlieferungen zur Seife und ihrem Gebrauch. Karl der Große förderte in seinem fränkischen Reich das Handwerk der Seifensieder. Die Araber und Spanier, Italiener und Franzosen brachten dann, dank der Rohstoffquelle Ölbaum, die Seifensiederei zur Blüte. Ab dem 14. Jahrhundert sind auch in Deutschland Seifensieder-Zünfte beheimatet. Die Seife blieb aber ein Luxusartikel. Erst als die technische Herstellung der zur Verseifung von Fetten benötigten Soda gelungen war (Leblanc-Prozeß und Solvay-Verfahren) änderte sich die Situation.
Mit dem Beginn des 20. Jahrhunderts und der Einführung der „selbsttätigen" Waschmittel wurde die Seife in Mehrkomponentensystemen zum Reinigen von Textilien mitverwendet, wobei sie mit „Buildern" kombiniert wurde. Das waren vorwiegend Natriumcarbonat (= Soda), sowie Natriumsilicat (= Wasserglas) und Natriumperborat. Diese Waschmittel ersparten der Hausfrau die langwierige, wetterabhängige Rasenbleiche und brachten durch größere Waschkraft auch Erleichterungen bei der Bearbeitung der Wäsche von Hand. Das 1907 eingeführte Markenprodukt „Persil" des Hauses Henkel dokumentierte diese Entwicklung durch die Namensgebung: „Per" wie Perborat und „sil" wie Silicat.
Etwa zur gleichen Zeit führte der Fortschritt der technischen Entwicklung zum Übergang von der Handwäsche zur Maschinenwäsche. Damit wurde eine Veränderung der Waschmittelzusammensetzung und eine Abstimmung auf die neue Technologie notwendig: Die „Härte-Empfindlichkeit" der Seife, die Bildung wasserunlöslicher Erdalkalisalze, ist nachteilig. Die aus der Lösung ausfallenden Kalkseifen mindern die Waschkraft und bilden auf der Wäsche Verkrustungen. Die Wäsche wird hart und wenig saugfähig, und es tritt ein schneller Wäscheverschleiß ein.
Anfänglich hatte man die Seife auf der Fettgrundlage heimischer Talge hergestellt. Später waren auch pflanzliche Öle wie Kokosöl und Palmöl verfügbar geworden. Doch trotz der immer größeren Vielfalt an Rohstoffen mußten bald Produkte aus der Retorte der Chemie auf Basis Kohle oder Erdöl verwendet werden.
Ein Vorläufer der ersten synthetischen seifen-ähnlichen Produkte ist das „Türkischrotöl" gewesen, so genannt, weil es bei der Herstellung der beliebten Inlettfarbe „Türkischrot" als Egalisiermittel ange-

wandt wurde. Türkischrotöle waren zunächst Emulsionen ranziger Öle aus den Rückständen der Olivenöl-Gewinnung, auch „Tournantöle" genannt, die mit Soda, Wasser und Schafmist emulgiert wurden. 1834 aber hat dann der Chemiker F. F. Runge durch Einwirkung von Schwefelsäure auf Olivenöle ein „sulfoniertes Öl" hergestellt. Die Coloristen der Wesserlinger Druckerei im Elsaß verwendeten es für Alizarin-gefärbte Beizendruckartikel.
Bald kaufte ein Fabrikant aus England dieses Wesserlinger Verfahren und wandte es in Schottland an. Da dort aber Rizinusöl billiger war als Olivenöl, setzte er dieses zur Sulfonierung ein. Das war die Geburtsstunde des Sulfo-ricinoleats, das sehr gute benetzende und solubilisierende Eigenschaften hat und lange Zeit in der Baumwollfärberei verwendet wurde. In der Wollfärberei konnten die Türkischrotöle nicht Fuß fassen, weil ihnen die Beständigkeit gegenüber der sauren Farbflotte fehlte.
Die generelle Verwendbarkeit der Sulfo-Gruppe anstelle der für die Härte-Empfindlichkeit verantwortliche Carboxyl-Gruppe der Fettsäuren war erkannt!
Heute nennen wir die neuen grenzflächenaktiven Produkte „Tenside" (aus dem Lateinischen contentio). Den Namen „Tenside" hat 1964 der Chemiker Götte (Henkel) vorgeschlagen, und diese Bezeichnung hat sich in der Folgezeit im deutschsprachigen Raum eingeführt. Mit der großtechnischen Entwicklung von Tetrapropylen-Benzolsulfonat (TPS) auf petrochemischer Basis wurde die klassische Seife in den 50er Jahren als waschaktive Substanz aus den Waschmitteln der Industrie-Nationen weitgehend verdrängt. Die wirtschaftliche Herstellung und die günstigen Eigenschaften von TPS bewirkten, daß 1959 ca. 65% des Gesamtbedarfs der westlichen Welt an synthetischen Waschrohstoffen durch dieses verzweigtkettige Tensid gedeckt werden konnte. Bald trat indessen ein Kriterium für Tenside in den Vordergrund, das bislang nur wenig beachtet worden war: die biologische Abbaubarkeit. Die Erkenntnis, daß manche Tenside selbst in modernen Kläranlagen nur schwer und unvollständig abgebaut werden und so in Oberflächengewässer gelangen, führte 1961 zum ersten deutschen Detergentien-Gesetz, das 1964 wirksam wurde. Anstelle des verzweigten Tetrapropylenbenzolsulfonats trat nun das erheblich besser und schneller abbaubare lineare Alkylbenzolsulfonat. Mit Hilfe neuer Technologien und Verarbeitungsmethoden gelang es der Waschrohstoff- und Waschmittel-Industrie die hohen Anforderungen des deutschen Detergentien-Gesetzes fristgemäß zu erfüllen.

Einen weiteren großen Fortschritt bei der Entwicklung waschmaschinengängiger Waschmittel stellte der Ersatz von „Aufbaustoffen" (wie Natriumcarbonat) durch anwendungstechnisch günstigere Produkte (z. B. kondensierte Phosphate) dar. In den letzten Jahren haben anorganische Ionenaustauscher (etwa Zeolithe) wegen der Gefahr der Überdüngung stehender oder langsam fließender Gewässer als Builder-Komponente große Bedeutung erlangt. Zu den bisher genannten Waschmittel-Inhaltsstoffen kamen weitere Substanzen, die die Waschwirkung verbesserten. Zu nennen sind hier in der Hauptsache

- Vergrauungs-Inhibitoren
- Enzyme
- optische Aufheller
- Schaumregulatoren
- Bleichaktivatoren.

Die Tabelle 1 enthält eine Gegenüberstellung der Waschrohstoff- und Waschmittel-Entwicklung zur chronologischen Entwicklung von Textilfasern und Waschgeräten.

Der Weg zum Waschvollautomaten

Waschen und Wäschepflege nahmen in der Arbeit der Hausfrau früher breiten Raum ein. Da arbeitsintensiv, mühsam und zeitraubend, wird seit fast 100 Jahren versucht, durch die Entwicklung von Waschmaschinen die Arbeit der Hausfrau zu erleichtern.
Etwa um das Jahr 1860 kamen die ersten Geräte auf den Markt, welche die Kontaktzeit mit der Waschlauge verringern und mittels einer Mechanik einen Teil der aufgewandten Muskelkraft ersetzen sollten. Es waren Schaukelwaschmaschinen, bei denen der Bottich aus Holz gefertigt und der Innenraum mit Wellblech verkleidet war. Beim Waschen bewegte man den Bottich mit einem Hebel hin und her. Auch Wäschewringer waren zu jener Zeit bereits bekannt. Zwischen zwei Gummiwalzen wurde von den Wäschestücken der größte Teil des Wasch- und Spülwassers abgequetscht.
Etwa 1900 kamen die Dampfwaschmaschinen auf. Sie bestanden aus einem kleinen Ofen für Holz- oder Kohlebeheizung mit einem Aufsatz aus Blech, in dem eine gelochte Trommel mit einer Handkurbel angetrieben wurde. Die heiße Wäsche brauchte nun nicht mehr

8 Überblick

Tabelle 1. Waschmittel und Waschmethoden 1876–1989 (bis 1980 nach H. Harder u. a., Tenside Detergents, *18*, 246 (1981)

Jahr	Waschrohstoffe	Waschmittel	Textilfasern	Waschgeräte
1876	Natriumsilicat Seife u. Stärke (Amylum)	Universal-Waschmittel	Baumwolle Leinen Wolle	Kesselwäsche
1878	Natriumcarbonat Natriumsilicat	Einweich- und Wasserenthärtungsmittel		
1890			Cupro	
1907	Seife Natriumcarbonat Natriumsilicat Natriumperborat	Vollwaschmittel	Reyon Acetatseide	Holzbottichwaschmaschine
1920			Zellwolle	
1933	Synthetische waschaktive Substanzen (Tenside) Carboxymethylcellulose Natriumdiphosphat Magnesiumsilicat	neutral reagierendes Feinwaschmittel		
1950	optische Aufheller		Polyamide	Wellenrad- und Waschflügelwaschmaschine
1954	Parfümöle		Polyacrylnitril	teilautomatische Trommelwaschmaschine
1957	Schaumregulatoren	Vollwaschmittel für Trommelwaschmaschine	Polyester hochveredelte Baumwolle	automatische Trommelwaschmaschine
1960	Natriumtriphosphat			

Tabelle 1 (Fortsetzung)

Jahr	Waschrohstoffe	Waschmittel	Textilfasern	Waschgeräte
1961	biologisch abbaubare Tenside (Detergentiengesetz v. 5.9.61)		Polyester/ Baumwolle (Pflegekennzeichnung für Textilien v. Sept. 61)	vollautomatische Trommelwaschmaschine
1963	kationaktive Tenside	Avivagemittel und Antistatika		
1965			Polyurethane	Waschtrockenautomat
1966	Spezialaufheller Enzyme	Spezialwaschmittel für pflegeleichte Textilien		
1970	Bleichaktivatoren	60 °C-Waschmittel	hochveredeltes Leinen filzarme Wolle	
1972			Textilkennzeichnungsgesetz (v. 1.9.72)	
1973	Spezielle nichtionische Tenside Enzymprills	Vollwaschmittel mit härteabhängiger Dosierung	Vliesstoffe	
1975		Deutsches Waschmittelgesetz		
1976	Natrium-aluminiumsilicat (Zeolith A)		wildlederähnliche Vliesstoffe	

10 Überblick

Tabelle 1 (Fortsetzung)

Jahr	Waschrohstoffe	Waschmittel	Textilfasern	Waschgeräte
1977		Spezialwaschmittel mit Waschbadavivage		
1978			modifizierte Polyacrylnitrilfasern	Microcomputersteuerung Sensorelektronik
1980		Phosphat-Höchstmengenverordnung		
1985				automatische Waschmitteldosierung Ökoschleuse Kugelverschluß
1987			modifizierte Synthesefasern	
1989		Baukastensystem Waschmittelkonzentrate		

manuell transportiert und bewegt zu werden, ein bedeutsamer Schritt in der Entwicklung. Bottichwaschmaschinen aus Holz ohne Heizung und die Dampfwaschmaschine arbeiteten zu Beginn dieses Jahrhunderts etwa gleichwertig nebeneinander. Sie standen noch lange Zeit in den Waschküchen und Miethäusern und wurden von der Mietergemeinschaft im Turnus benutzt.

In den 30er Jahren kamen die ersten Bottichwaschmaschinen mit einem anhängenden Motor auf den Markt. Es handelte sich dabei meist um Wassermotoren, vermutlich eigens hierfür entwickelt, da elektrische Motoren für die Verwendung im Naßraum noch als gefährlich angesehen wurden. Bald aber wurden in der Isolation und Kapselung Fortschritte erzielt und nicht nur die Waschmaschine, sondern auch der Wringer und die Wäschepresse wurden elektrisch angetrieben. Damit war auch der Weg frei für die Möglichkeit, mit elektrisch betriebenen Heizstäben Waschlauge und Wäsche aufzuheizen. Schließlich kamen Wäschezentrifugen oder Wäscheschleudern auf den Markt, die gegenüber den Wringern eine wesentlich bessere Entwässerung erreichten, und bald bestanden die modernen Waschmaschinen aus einem Geräteblock mit einer heizbaren Waschmaschine und Schleuder nebeneinander, so daß man von der Waschmaschine in die Schleuder umfüllen konnte.

Zögernd wurden nun immer mehr Arbeiten des Waschtages von Geräten übernommen, bis dann Mitte der 50er Jahre die Waschvollautomaten auf den Markt kamen, die das Kochen, Waschen, Spülen und Schleudern selbständig erledigten.

In der Bundesrepublik besitzen heute mehr als 80% aller Haushalte eine Waschmaschine. Meistens handelt es sich um Trommelwaschmaschinen. Obwohl unsere Waschautomaten einen sehr hohen Entwicklungsstand erreicht haben, findet die Technik noch immer Verbesserungsmöglichkeiten in der Bedienung, in der Technik, im Waschergebnis, in der Wäscheschonung, aber auch in der Reduzierung des Waschprozesses hinsichtlich Wasser und Energie.

Die Waschmittel in unserer Umwelt

Eine Begriffsbestimmung der deutschen Gesetzgebung über Waschmittel kennzeichnet treffend den Kernpunkt aller Probleme: „Nach dem Gebrauch gelangen diese (die Waschmittel) bestimmungsgemäß in das Abwasser und damit in unser aquatisches System.

Bis etwa zur Jahrhundertwende wurden alle häuslichen Abwässer, wenn überhaupt, kanalisiert und unbehandelt in Bäche, Flüsse, Seen oder andere Wasserläufe geleitet. Die Menschheit lebte noch nicht so massiert in großer Zahl auf relativ wenig Boden zusammen, als daß sich Probleme ergeben konnten. Medizin und Biologie konnten auch in Ballungszentren die Hygieneprobleme bewältigen. Wasser wurde als unbegrenzt verfügbarer Naturstoff angesehen, mit dem man glaubte, recht sorglos umgehen zu dürfen. In einigen Großstädten sorgte bald die Kanalisation und ein Klärsystem mit Rieselfeldern für eine erste Reinigung. Bei der steten Steigerung des Verbrauchs an Trink- und Brauchwasser sowie dem wachsenden Wasserbedarf der Industrie mußte das häusliche und industrielle Abwasser behandelt werden, um erneut dem Brauchwassersystem zugeführt zu werden.

12 Überblick

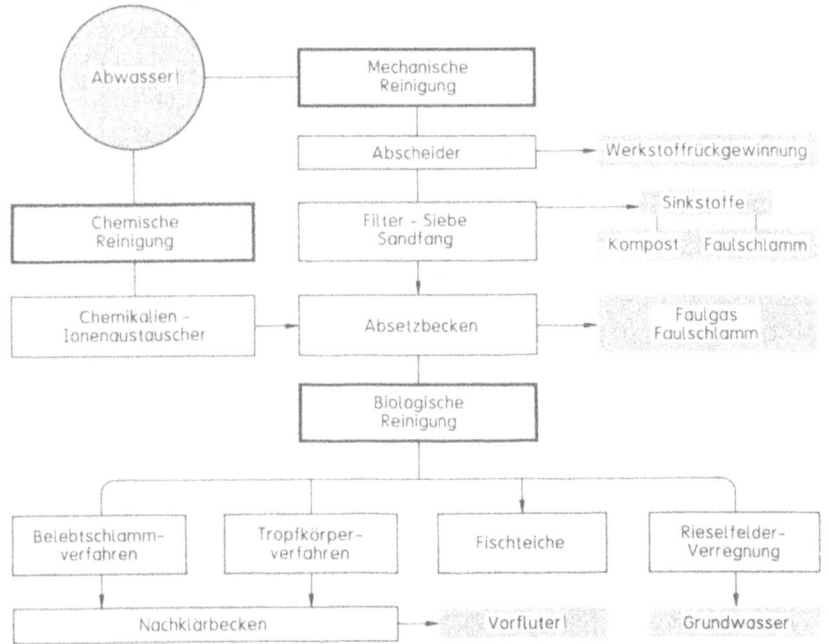

Abb. 5. Abwasserreinigungsanlage (s. a. S. 99ff)

Heute haben in den alten Bundesländern mehr als 80% der Städte und Gemeinden eine Kläranlage. Praktisch wird das gesamte Industrieabwasser in eigenen oder kommunalen Kläranlagen gereinigt. Abbildung 5 zeigt die Wirkungsweise einer Kläranlage.
Spektakulär wurde das erste Mal im trockenen Sommer 1959 die Öffentlichkeit auf das Problem der Waschmittel im Abwasser aufmerksam. An Flüssen und Wehren sowie Staustufen bildeten sich riesige Schaumberge in denen ganze Bauten verschwanden. Die Ursache war leicht zu finden. Waschmittelreste der Haushalte und eiweißhaltige Abfälle mußten dafür verantwortlich gemacht werden. Der biologische Abbau der im Waschmittel enthaltenen Tenside ging nicht schnell und nicht vollständig genug vonstatten. In einer vorbildlichen Zusammenarbeit zwischen Industrie und Legislative wurde binnen weniger Jahre Abhilfe geschaffen, die Situation durch Gesetze und Rechtsverordnungen geregelt.
Neben Tensiden als Netzmittel und waschaktiver Substanz werden auch Phosphate, sog. „Komplexbildner", zur Enthärtung und Un-

Tabelle 2. Bestimmungen zum Schutz der Umwelt, von denen Tenside direkt oder indirekt betroffen sind (historischer Überblick)

1961	Detergentiengesetz (inzwischen ungültig)
1962	Verordnung über die Abbaubarkeit von Detergentien in Wasch- und Reinigungsmitteln (inzwischen ungültig)
1968	Europäisches Detergentienübereinkommen
1972	Gesetz zu dem Europäischen Detergentiengesetz
1973	EG-„Mutterrichtlinie" über Abbaubarkeit von Detergentien
1973	EG-Richtlinie über Abbaubarkeit anionischer Detergentien
1975	Waschmittelgesetz
1976	4. Novelle Wasserhaushaltsgesetz
1976	Abwasserabgabengesetz
1977	Verordnung über die Abbaubarkeit anionischer und nichtionischer Tenside
1979	EG-Richtlinie über gefährliche Stoffe
1979	Entwurf: Überarbeitetes Europäisches Detergentienübereinkommen
1980	Entwurf: EG-Richtlinie über Abbaubarkeit nichtionischer Tenside
1980	Änderung der Verordnung über die Abbaubarkeit von Tensiden von 1977
1980	Chemikaliengesetz
1980	Phosphathöchstmengen-Verordnung
1982	Chemikaliengesetz
1986	Wasch- und Reinigungsmittelgesetz
1986	freiwilliger Verzicht auf Alkylphenolethoxylate
1986	freiwillige Selbstbeschränkung für NTA
1986	Verordnung über gefährliche Stoffe
1986	Tensidverordnung
1988	Beschränkung des Verbrauchs an chlororg. Verbindungen in Wasch- und Reinigungsmitteln
1989	Verordnung über kosmetische Mittel

terstützung der Waschkraft in beachtlichen Mengen im Waschmittel verwendet; die Komplexbildner binden den im „harten" Wasser enthaltenen „Kalk". Nun ist Phosphat physiologisch zwar völlig unbedenklich, es kann jedoch als „Düngemittel" für Algen und Wasserpflanzen wirken, die beim Absterben große Mengen Sauerstoff verbrauchen. Das Endresultat ist dann ein „totes" Gewässer, was die tierischen Wasserbewohner angeht. Um das zu verhindern, wurden die Phosphat-Gehalte der Waschmittel verringert und teilweise durch unbedenklichere Produkte mit ähnlichen Eigenschaften ersetzt. Die Industrie bleibt weiter aufgerufen, neue Rohstoffe zu finden, die in noch geringerem Maße als derzeitig unser Ökosystem belasten.

Die Tabelle 2 gibt Auskunft über die bisher verabschiedeten Bestimmungen zum Schutz der Umwelt, von denen Waschmittel direkt oder indirekt betroffen sind. Die vom Bundesgesundheitsamt speziell für Kosmetika herausgegebenen Gesetze und Verordnungen sind nicht berücksichtigt.

Der Waschprozeß

Grob gesehen sind beim Waschen vier Faktoren zu berücksichtigen, die man im sog. „Sinner'schen Kreis" darstellt (Dr. Sinner, Tensidchemiker bei Henkel).
Daß eine höhere Temperatur chemische Reaktionen fördert – und der Waschprozeß gehört zumindest in den Bereich der Physikalischen Chemie – ist bekannt. Um die Wirkung der Waschmittel zu verbessern, wurde früh die Kochtemperatur favorisiert.
Der zeitliche Einfluß ergab sich schon aus dem Anheizprozeß der Waschlauge bis zum Kochpunkt und der notwendigen Dauer der Bearbeitung im Waschprozeß.
Die Mechanik wiederum wurde und wird zur Unterstützung des Lösungsvorganges der Schmutzpartikelchen durch Verwinden der Garnbindungen von Geweben und Gewirken benötigt. Allerdings kann bei einem Zuviel eine irreparable Gewebeschädigung eintreten. Daher ist dieser Faktor limitiert.
Die Chemie unterstützt den Waschprozeß durch chemische Vorgänge wie Benetzen, Adhäsion und Kohäsion, Ladungsvorgänge, Disper-

Handwaschverfahren

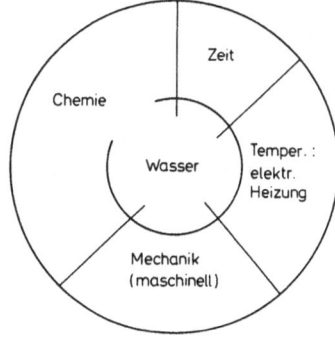
Trommelwaschmaschine

Abb. 6. Der Waschkreis nach Sinner

16 Der Waschprozeß

gieren, oxidative Bleiche, enzymatische Wirkungen usw. Sieht man Temperatur, Zeit und Mechanik als begrenzte Einflüsse an, so bleibt die Chemie der regulierende Faktor.

Kleine Textilkunde

Der weitaus größte Anteil von Wasch- und Reinigungsmitteln [1] wird für das Waschen von Textilien verbraucht. Man unterscheidet bei den Textilien zwischen Naturfasern und Chemiefasern, wobei man bei den Naturfasern zwischen Fasern pflanzlicher und tierischer Herkunft und bei den Chemiefasern zwischen Chemiefasern aus Naturstoffen, mineralischen Stoffen und aus synthetischen (organischen) Rohstoffen unterscheidet.

Allen Fasern gemeinsam ist der Aufbau aus Kettenmolekülen, die in der Faser in Längsrichtung angeordnet sind und deren Länge eine gewisse Mindestgrenze überschreitet. Die kleinste mechanische Einheit sind die „Fibrillen". Fibrillen sind kleine Faserbündel aus Kettenmolekülen.

In chemischer Hinsicht kann man diese gliedern in solche mit glucosidischer (d.h. zucker-ähnlicher) Bindung. In diese Gruppe gehören alle Cellulose-Fasern und substituierten Cellulose-Fasern, also durch chemische Einwirkung umgewandelte synthetische Fasern aus Zellstoff. Daneben gibt es Ketten aus Amid- und Ester-Bindungen. Hierher gehören alle Keratin- und Fibroin-Fasern wie sie in Wolle und Seide vorkommen. Man nennt sie die natürlichen Protein(Eiweiß)-Fasern.

Auch Nylon 66 ist hier einzuordnen. Ebenfalls gehören zu dieser Gruppe die synthetisch hergestellten Polyester, z.B. das Polyglykolterephthalat, dessen wichtigste Vertreter Trevira bzw. Vestan sind. Zu den paraffin-artigen Ketten ist die Vielzahl von synthetischen Polyvinyl-Fasern zu zählen, etwa Fasern aus Polyvinylchlorid, Polyvinylalkohol, Polyacrylnitril, Polystyrol und viele andere mehr.

---

[1] Wenn man vom „Waschen" spricht, meint man damit die Reinigung von Textilien oder von Körperoberflächen. Bei festen Oberflächen (etwa technischer Geräte) spricht man dagegen von „Reinigung" oder von „Spülen".

Tabelle 3. Übersicht der Textilfasern

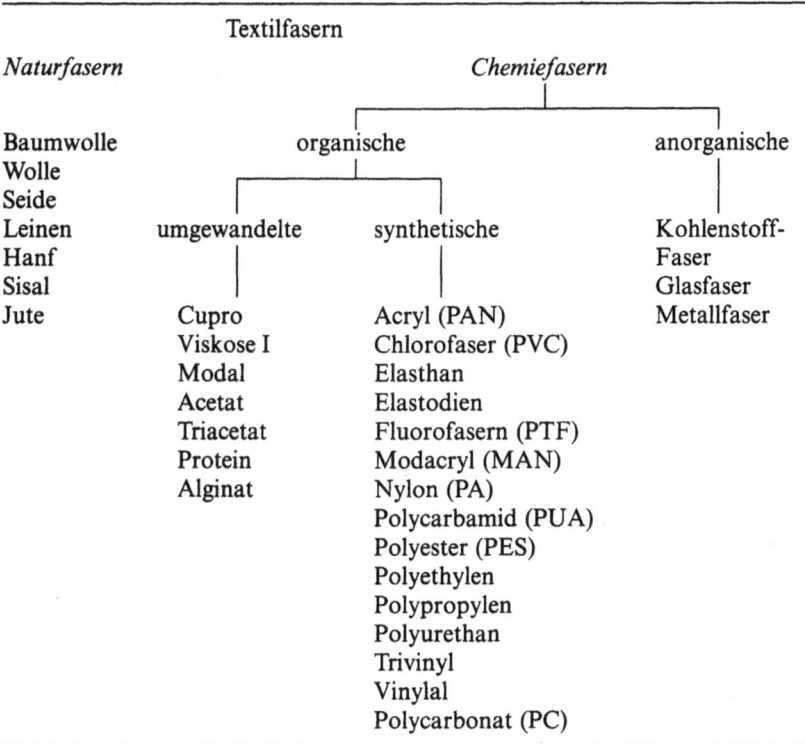

Naturfasern

Fasern pflanzlicher Herkunft

Die *Baumwolle*, eine Cellulosefaser, ist bis heute die am meisten verwendete Textilfaser. Der Gesamtverbrauch betrug 1990 weltweit 16,5 Mio. Tonnen. Die nach dem Entfernen der Baumwolle aus den Baumwoll-Samenkapseln zurückbleibenden kurzen Fasern werden „Linters" genannt, sie dienen als Cellulose-Rohstoff für die chemische Weiterverarbeitung zu Watte usw. Ebenso ist „Kapok" eine Cellulose-Faser: sie wird als Polstermaterial und Watte verwendet. Man gewinnt Kapok aus den Fruchtkapseln des westafrikanischen Baumwollbaumes.

Bastfasern werden aus Pflanzenstengeln oder Blättern gewonnen. Sie bilden dort die Stützelemente und bestehen ebenfalls aus Cellulose. Verarbeitet werden sie als Flachs oder Leinen zu Bettwäsche oder anderen Textilien. Hanf dient zur Herstellung von Schnüren, Seilen und Tauen. Jute ist eine Verbindung zwischen Cellulose und Lignin und wird „Bastose" genannt. Die feineren Sorten werden zur Herstellung von Teppichen, die groberen Sorten zur Herstellung von Säcken verwendet. Brennesselfaser und „Ramie" sind ebenfalls Cellulose. Man stellt mit ihnen Plüschteppiche her. Weitere Bastfasern werden aus Kokos, Ginster, Schilfrohr und anderen Pflanzen hergestellt, sie dienen zur Produktion von Netzen und Tauen.

Fasern tierischer Herkunft

Der wichtigste Vertreter der Fasern tierischer Herkunft ist die *Wolle*. Schafwolle besteht aus Keratin, einem schwefelhaltigen Protein. Sie wird hauptsächlich aus den Wollhaaren von Schafen hergestellt, und dient als Rohmaterial für Bekleidungsstücke. *Ziegenhaare und Kalbs- und Kuhhaare* werden bei der Verarbeitung von grober Wolle eingesetzt. Mohair erhält man von der Angoraziege und verwendet es für Plüsche und Tuche. Für die Verarbeitung zu Strickwolle werden Kamel- und Ziegenhaare, Lamawolle, Alpakawolle, Huanako-, Kashmir- und Tibetwolle benutzt. Eine besonders feingekräuselte Strickwolle erhält man aus den Angorakaninchen-Haaren der Stallhasen. Kamelhaare dienen zur Herstellung wollartiger Gewebe. Aus Roßhaaren macht man Garne, Zwirne oder Polstermaterial.
Echte Seide besteht chemisch aus Fibroin, Sericin und Seidenleim und wird aus den Kokonfäden der Seidenraupe gewonnen. Sie fällt als Doppelfaden von 350–3000 m Länge an. Auch aus Kokonfäden anderer Schmetterlinge kann man Seidenfäden herstellen, sie heißt wilde Seide oder Tussah-Seide.

Chemiefasern

Cellulose-Kunstfasern

Cellulose kann gelöst, im Naß- oder Trockenspinnverfahren durch Düsen in eine fadenförmige Form gepreßt und dann wieder verfestigt werden. Je nach Art des Lösemittels und Spinnprozeß unterscheidet man „Viskosefaser" (mit Cellulosexanthogenat im Naßspinnverfahren hergestellt) und „Kupferfaser" (mit Kupferoxid-Ammoniak in Lösung gebracht und dann naß versponnen). Die „Acetatfaser" erhält man durch Acetylierung der Cellulose mit Eisessig, Lösen in Aceton und trockenes Verspinnen. Verseift man das Celluloseacetat vor dem Verspinnen, so erhält man eine verseifte Acetatfaser. Acetatfasern aus Cellulosetriacetat nach dem Trockenspinnverfahren heißen Arnel, Trilan, Tricel und Courpleta. Diese Fasern sind gegen die Verseifung wesentlich beständiger als die Acetatfaser, ihre Naßfestigkeit ist höher, sie besitzen eine hohe Widerstandskraft gegen Chemikalien und zeigen gute Lichtbeständigkeit.

Eiweiß-Kunstfasern

Die aus Eiweiß hergestellten Fasern haben eine globulare Struktur. Die Kettenstruktur erhalten sie anscheinend erst beim Verspinnen. So stellt man aus Milchkasein, das man durch Fällen von Eiweiß aus der Milch erhält, im Naßspinnverfahren die Kunstfasern Aralac, Merinova, Fibrolan, Tiolan, Caslen und Lactofil her. Auch aus Maisstärke-Eiweiß, dem Eiweiß aus Erdnuß oder der Sojabohne, sowie aus Abfällen von Wolle und Haaren können nach einem Naßspinnverfahren eine Reihe von Kunstfasern hergestellt werden, die in Heimtextilien begrenzte Bedeutung haben.

Chemiefasern aus synthetischen Rohstoffen

Chemiefasern können nach dem Strangpreßverfahren und anschließendem Strecken des Stranges, aber auch durch Naß und Trockenspinnverfahren hergestellt werden. Das Produkt wird anschließend zu einer „Stapelfaser" zerschnitten und dann wie andere Fasern in den Spinnprozeß eingebracht.
Bekannt sind die Fasern Curlene aus Polyethylen, Styroflex, Emprene und Polyfiber aus Polystyrol, Rovyl, Fibrovyl, Thermovyl und Isovyl aus Polyvinylchlorid.
Wird das Polyvinylchlorid nachchloriert, so erhält man die PeCe-Fasern. Aus Polyvinylchlorid und Polyvinylacetat entsteht Vinyon HH. Polyvinylalkohol ergibt die Syntofil- und Kuralon-Faser.

20 Der Waschprozeß

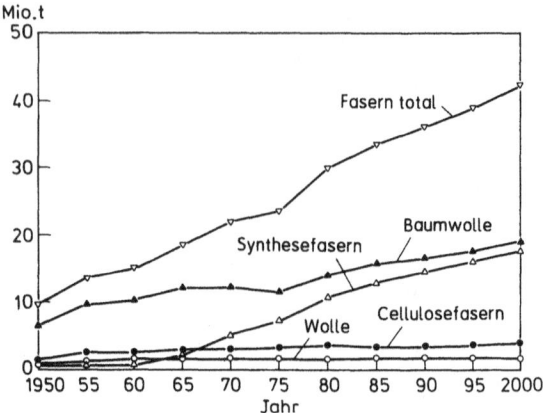

Abb. 7. Weltproduktion Textilfasern 1950–1990 in Mio. Tonnen. Weitere Entwicklung bis 2000 geschätzt

Polyacrylnitril dient zur Herstellung von Fasern nach dem Trocken- oder Naßspinnverfahren aus Dimethylformamid-Lösung oder anorganischen Salzlösungen. Die daraus erhaltenen Fasern heißen Orlon, PAN, Acrylan X 51, Dolan, Redon und Dralon. Mischpolymerisate mit Polyvinylchlorid sind Vinyon N und Dynel.

Durch Polykondensation von Terephthalsäure mit Ethylenglykol erhält man einen Polyester, aus dem nach dem Schmelzspinnverfahren die Fasern Terylene, Dacron und Diolen hergestellt werden. Aus Adipinsäure und Hexamethylendiamin wird durch Polykondensation Polyhexamethylen-Adipinsäureamid hergestellt, das man nach dem Schmelzspinnverfahren zu Fasern und Monofilen verarbeitet, die als Nylon 6 und Nylon 66 bekannt sind.

Abbildung 7 zeigt die Weltproduktion von Textilfasern in den Jahren 1950 bis 1990 mit einer Schätzung der weiteren Entwicklung bis 2000.

Wie ersichtlich, hat die Produktion von Chemiefasern, also Cellulose- und Synthesefasern, inzwischen die Produktion der Baumwolle fast erreicht. Die Mengen der aus Cellulose hergestellten Chemiefasern sind gleichgeblieben.

Für die Bundesrepublik zeigt sich eine etwas andere Entwicklung: Hier ist der Verbrauch von Baumwolle im Jahre 1965 bis zum Jahre 1980 um 15% gefallen, während der Verbrauch an Wolle um 3% angestiegen ist.

Im Weltverbrauch hat sich der Verbrauch an Baumwolle von 1980 bis 1990 von 14,0 Mio. t auf 16,5 Mio. t erhöht. Bis zum Jahr 2000 erwartet man einen Anstieg auf 19,0 Mio. t. Der Verbrauch von Zellwolle ist in den alten Bundesländern ebenfalls um 7% gefallen, jedoch hat er sich weltweit inzwischen auf 3,3 Mio. t eingependelt, das entspricht einem prozentualen Anteil von 9,2% des Gesamtverbrauchs. Die vollsynthetischen Fasern sind von 1950 bis 1980 um 171% auf 10,7 Mio. t angestiegen und verzeichneten bis 1990 einen weiteren Anstieg auf 14,5 Mio. t, das sind 40,3% des Weltverbrauchs. Man erwartet bei den Synthesefasern bis 2000 einen weiteren Anstieg auf 17,5 Mio. t. Der Verbrauch von Wolle ist von 1980 bis 1990 nur wenig von 1,6 auf 1,7 Mio. t gestiegen. Man erwartet bis 2000 keine weitere Erhöhung.
Immer mehr Textilien werden aus vollsynthetischen Fasern oder Mischgeweben aus Baumwolle/Synthetics hergestellt. Zählt man die Chemiefasern aus Naturstoffen zu den vollsynthetischen Fasern, so wurden 1980 in der Bundesrepublik Deutschland 284000 t davon mehr gebraucht als Baumwolle und Wolle zusammen. Früher wurden Oberhemden aus reinen vollsynthetischen Fasern hergestellt, inzwischen ist man auf Mischgewebe übergegangen, die Baumwolle und Synthetics meist im Verhältnis von 65:35 enthalten. Diese Mischgewebe sind pflegeleicht, weil formstabiler als nur aus Baumwolle hergestellt. Textilien, z. B. ein Oberhemd oder eine Bluse aus diesem Material, brauchen nicht mehr gebügelt zu werden, sondern hängen sich auf der Leine oder einem Bügel wieder faltenlos aus. Wichtig ist dabei, daß solche pflegeleichte Wäsche nur bei maximal 60°C gewaschen wird. Ein spezielles Waschprogramm für pflegeleichte Baumwollgemische ist bei fast allen Waschmaschinen gegeben.
Es deutet nichts darauf hin, daß in absehbarer Zukunft eine neue Synthesefaser auf dem Markt eingeführt wird. Die Textilhersteller befassen sich vielmehr mit der physikalischen Modifikation herkömmlicher Synthesefasern und deren Kombination mit Baumwolle. Hier kommt es vor allem auf die Verbesserung des Tragekomforts an. Man wendet heute im wesentlichen drei verschiedene Techniken für die Herstellung modifizierter Synthesefasern an:

- Membrane oder Laminate, also Gewebestrukturen, die aus mehreren Schichten bestehen, z. B. Gore-Tex, Thintech und Sympatex
- Mikrofasern, z. B. Trevira-Finesse, Rhodia-Meryl und H20FF
- Funktionelle Gewirke, z. B. Dunova und Rapidus.

Zellwolle	Polyamide	Polyester	Polyacryl-nitrile	andere synth. Fasern
Acetat	Nylon	Trevira	Orlon	Lycra
Bemberg	Perlon	Diolen	Dralon	Dorlastan
Tricel	Olana	Vestan	Dolan	Rhovyl
Arnel	Antron	Terylene	Crylor	Hostalen
		Crimplene	Courtelle	
		Schapira	Cashmilon	
		Terital	Leacril	
		Dacron	Redon	

Abb. 8. Bekannte natürliche und synthetische Fasern und ihre Markennamen

Alle diese Modifizierungen sollen hauptsächlich den Transport von Körperfeuchtigkeit erleichtern. Man erwartet, daß der Bereich der Sport- und Freizeitkleidung weiterhin wachsen wird.
Ein weiterer Grund für die Modifizierung von synthetischen Fasern ist, Oberbekleidung für die Wäsche in der Waschmaschine geeigneter zu machen, da man die Auswirkung der bei der bisher praktizierten Chemisch-Reinigung verwendeten Lösungsmittel als umweltschädlich einstuft.
Eine Tabelle der wichtigsten Fasern und ihre bekanntesten Markennamen zeigt Abb. 8.
Für die Zukunft sehen Fachleute folgende Entwicklungstendenzen auf dem Textilsektor:

- keine neuen Grundfasern
- Verhältnis Baumwolle zu Synthesefasern 50:50
- Zunahme von Kombinationen aus Naturfasern und Synthesefasern
- mehr funktionelle Sport- und Freizeitkleidung
- mehr waschbare Oberbekleidung
- Menge waschbarer Textilien wird zu Lasten der Chemisch-Reinigung größer
- Zunahme farbiger Textilien und Mischgewebe.

Die Haut

Anatomisch gesehen beträgt die Haut bei einem Erwachsenen etwa 1,8 m², das sind etwa 10% des Körpergewichtes. Sie hat mehrere

Aufgaben: Die Bedeckung des Körpers und damit den Schutz der tiefer gelegenen Gewebe vor Austrocknen, Beschädigung, Eindringen von Bakterien oder fremden Organismen, die lebensnotwendige Wärmeregulierung, die Abscheidung von Schweiß und nicht mehr gebrauchten Stoffen. Außerdem ist die Haut ein wichtiges Gefühlsorgan. Bei unsachgemäßer Verwendung von Wasch- und Reinigungsmitteln kann die Haut geschädigt werden.

Der Schmutz: Zusammensetzung und Eigenschaften

Schmutz wird gern als „Materie am falschen Ort" bezeichnet. Er kann alle Stoffe enthalten, die im täglichen Leben im Haushalt, in der gewerblichen und industriellen Arbeit, bei Hobby und Freizeit vorkommen. Unter dem Gesichtspunkt des Waschprozesses kann man folgende Abgrenzung für den Wäscheschmutz unterscheiden:

Pigmente	= Metalloxide, Staub, Ruß, Carbonate, Humus
Fette und Öle	= tierische und pflanzliche Fette, Hautfett, Mineralöl, Wachse
Wasserlösliche Stoffe	= anorganische Salze, Zucker, Harnstoff, Schweiß
Proteine, farbstoffhaltiger Schmutz	= Blut, Ei, Milch, Tee, Kaffee, Obst
Kohlehydrate	= Stärke.

Es wird zwischen „totem" und „lebendem" Schmutz unterschieden. Damit ist der Pigment- oder Fettschmutz und der Schmutz, der aus Bakterien oder Pilzen (z. B. Schimmel) besteht, gemeint. Lebender Schmutz kann in Krankenhauswäsche in der Form pathogener Keime auftreten. Diese werden in ausreichendem Maße durch desinfizierende Reiniger entfernt. Eine nachträgliche heiße Trocknung und Bügeln der Wäsche (zur Garantie eines bakteriostatischen Zustandes), empfiehlt sich. Bei den Bakterien auf der normalen Haushaltswäsche handelt es sich meistens um harmlose, nichtpathogene Keime. Gefunden wurden in Haushaltswäsche bei

- Damenblusen $10^2 - 10^4$ Keime pro Gramm Textilgut
- Herrenhemden $10^4 - 10^6$ Keime pro Gramm Textilgut

- Unterwäsche $10^5 - 10^7$ Keime pro Gramm Textilgut
- Geschirrtücher 10^8 Keime pro Gramm Textilgut
- Socken 10^9 Keime pro Gramm Textilgut.

Der Schmutz kann auch aufgeteilt werden in Aerosol-Schmutz und Kontakt-Schmutz, womit differenziert wird nach dem Ursprung aus der Luft (in Form von Rauchgasen, Abgasen von Industrieanlagen oder Heizungen, Auspuffgasen von Kraftfahrzeugen usw. und aus der Kontaminierung durch Berührung, also Ablösen von Hautpartikeln oder Hautfett, Straßenstaub, Ruß u. ä.). Die wasserlöslichen Anteile des Schmutzes sind Salze und einige Stickstoff-Verbindungen, die in nicht polaren Lösungsmitteln wie Fetten, Harzen, Wachsen und anderen Kohlenwasserstoffen unlöslich sind. Ebenfalls unlöslich und mit 2/3 im Straßenstaub enthalten sind Silicate, Carbonate und Kohlenstoff. Der Schmutz der Unterwäsche stammt meist vom menschlichen Körper selbst.

Schmutz kann in der Wäsche wie folgt gebunden sein:

- Makroteilchen zwischen Fasern, Garnen und Fäden
- Mikroteilchen in Rissen, Rillen und Spalten der Faseroberfläche
- sorptive Bindung an die Faser durch Adhäsion
- chemische Bindung an die Faser durch Nebenvalenzen.

Makro- und Mikroteilchen können durch die Waschflotte weggeschwemmt werden. Um die sorptive Bindung aufzuheben, sind Elektrolyte notwendig. Die Lösung der chemischen Bindungen ist nur durch entsprechende Reagenzien möglich.

Schmutz haftet an manchen synthetischen Fasern meist weniger stark als an natürlichen, doch können Synthetics auch feindisperse Pigmente einschließen. Solche Einschlüsse verursachen eine Vergrauung, wenn sie nicht vollständig ausgewaschen werden. Da Kunstfasergardinen leicht verschmutzen, weil sie durch elektrische Auflading den Staub aus der Luft anziehen, müssen sie öfter gewaschen werden als die früher üblichen Baumwollgardinen. Wenn sie trotzdem die Baumwollgardinen völlig verdrängt haben, so wegen der pflegeleichten Wäsche, und weil sie nach dem Waschen schnell trocknen und vor allem nicht einlaufen.

Die Wäschereiforschung Krefeld sah sich veranlaßt, künstliche Anschmutzungen zur reproduzierbaren Prüfung von Waschmitteln zu entwickeln. Ein Ergebnis dieser Forschungen ist in Tabelle 4 dargestellt.

Der Schmutz: Zusammensetzung und Eigenschaften 25

Tabelle 4. Straßenstaub (Durchschnittsanalyse in %)

Bestandteil	Düsseldorf	Detroit
wasserlöslich	7,4	13,5
etherlöslich	9,5	4,9
Wasser (geb.)	5,0	1,7
Gesamt Kohlenstoff	28,7	24,7
Asche	49,4	57,8
Gesamt Siliciumdioxid	24,5	25,5
Gesamt Eisenoxid	11,4	9,9
Gesamt Calciumoxid	7,0	8,4
Gesamt Magnesiumoxid	1,4	2,0
CaO-wasserlöslich	0,6	0,4
MgO-wasserlöslich	0,3	0,2
N-wasserlöslich	2,0	1,6
pH (10% Lsg.)	9,75	7,3
Ruß		0,6

Tabelle 5. Partikelgröße (Gewicht und Verteilung von natürlichem und künstlichem Schmutz)

Schmutzart	Bodenschmutz		Künstlicher Schmutz	
Partikelgröße in Mikron	Gewichtsprozente	Oberflächenanteil in %	Gewichtsprozente	Oberflächenanteil in %
0,1- 0,2	13,3	72,9	0,0	0,0
0,2- 0,5	0,0	0,0	12,8	48,0
0,5- 1,0	3,5	4,0	16,7	26,3
1,0- 1,2	0,0	0,0	0,0	0,0
1,2- 2,2	11,7	4,5	19,7	15,2
2,2- 2,3	66,0	18,1	0,2	0,1
3,7- 70,0	5,0	0,5	45,6	10,3
70,0-150,0	0,0	0,0	5,0	0,1

Da der Schmutz zum Teil vom Körper selbst durch Schweiß in die Wäsche eingebracht wird, ist die Zusammensetzung von Schweiß interessant.
Die tägliche Schweiß-Erzeugung des Menschen beträgt bei normaler Tätigkeit etwa 500 ml bis 1 l und steigt bei Schwerstarbeit bis 15 l. Hierdurch können die unterschiedlichen Anschmutzungen der Wä-

Tabelle 6. Zusammensetzung von Schweiß (1 Liter)

2 – 5 g	Natriumchlorid
0,3 – 0,5 g	Kaliumsalze
0,04 – 0,08 g	Calciumsalze
0,3 – 1,6 g	Stickstoff (aus Harnstoff und Aminosäuren)
2 – 5 g	Milchsäure, niedrige Fettsäuren, Fette Oxy- und Oxofettsäuren aliphatische und cyclische Alkohole Rest Wasser

sche bei verschiedenen Personen erklärt werden. Nicht nur die Zusammensetzung des Schmutzes beeinflußt seine Entfernung vom Textilgut, auch seine Form ist unterschiedlich und wirft damit verschiedene Probleme auf. Der Klopfstaub, den man aus Gardinen, Vorhängen, Teppichen oder Oberbekleidung ausklopfen kann, besteht meist aus kugeligen, blattförmigen oder unregelmäßig geformten Teilchen und setzt sich zusammen aus Ruß, Asche, Silicaten, Tonerde, Erde, pflanzlichen Bestandteilen und anderen fein verteilten Abfallprodukten des täglichen Lebens. Beim Industriestaub handelt es sich meist um kugelige oder unregelmäßig geformte Kohlepartikel. Tritt der Schmutz in Form von Blättchen aus dünnen Tonmaterialien auf, so läßt er sich meist sehr schwer entfernen. Er schmiegt sich eng an die Oberfläche des Textilgewebes und bietet bei der Entfernung wenig Angriffsfläche.

Es existiert ferner tröpfchenartiger Schmutz, der aus Auspuffgasen, Abgasen, von Ölheizungen und anderen Produkten der Umwelt stammt. Diesen feindispergierten Ölschmutz trägt man auf der Haut; man atmet ihn ein und findet ihn auch auf der Wäsche, der Bekleidung und anderen Heimtextilien. Er läßt sich verhältnismäßig einfach entfernen. Zum Glück ist der schwer entfernbare Blättchenschmutz, also der Pigmentschmutz, meist nicht trocken. Er enthält fast immer Spuren von Fetten und Kohlenwasserstoffen aus dem tröpfchenartigen Schmutz oder er ist feucht. Es bilden sich also dünne Fett- oder Wasserfilme zwischen der Faser und dem Schmutz, die zwar ein besseres Verkleben des Schmutzes vermitteln, die aber andererseits auch die Reinigung und das Waschen vereinfachen.

Das Waschmedium

Wenn man von „Waschen" spricht, meint man eine Reinigung in wäßrigem Medium. Das Wasser dient dabei als Lösungsmittel für das Waschmittel und als Lösungsmittel für die löslichen Salze des Schmutzes. Wasser hat eine sehr hohe Oberflächenspannung (72 mN/m), die aber durch Tenside auf 30–35 mN/m herabgesetzt werden kann. Das mit Tensiden angereicherte Wasser wird an Grenzflächen, also an allen Berührungsflächen von Wasser zur Faser oder von Wasser zum Schmutz aktiv und löst bzw. emulgiert oder dispergiert den Schmutz. Auf der Herabsetzung der Oberflächenspannung durch das tensid-haltige Wasser beruht demnach die Waschmittelwirkung zu einem wesentlichen Teil.

In Lösungsmitteln wie Methanol, Ethanol, Perchlorethylen oder Benzin, die bereits die niedrige Oberflächenspannung von nur ca. 20–25 mN/m haben, tritt durch Tenside keine nennenswerte Oberflächenspannungserniedrigung mehr ein. Solche Lösungsmittel können also an den Grenzflächen nicht aktiv werden. Sie lösen lediglich die wasser-unlöslichen Fette, Mineralöle und Hautfette. Die genannten Lösungsmittel verwendet man daher nur bei der chemischen Reinigung, bei der Tenside als Reinigungsverstärker zugesetzt werden. Die Tenside haben hier die Aufgabe, das für die chemische Reinigung notwendige Wasser im Lösungsmittel zu binden. Beim Reinigungsprozeß selbst soll das Wasser die im Lösungsmittel unlöslichen Stoffe solubilisieren. Für die normale Haushaltswäsche wird daher Wasser immer das am billigsten und am gefahrlosesten einzusetzende Mittel sein.

Die „Härte" des Wassers

Im Zusammenhang mit Waschmitteln und Waschen fällt immer wieder der bereits benutzte Begriff „Wasserhärte". Die Wasserhärte beruht auf dem Gehalt des Wassers an „Erdalkalien" (wie Calcium und Magnesium-Ionen) und ist dafür verantwortlich, daß mit Seifen die fast wasser-unlöslichen Calcium- und Magnesiumsalze der Fettsäuren ausflocken. Dadurch wird die Waschkraft vermindert, das gewaschene Gewebe verkrustet und vergraut und die Wäsche geschädigt. Die Calcium- und Magnesiumsalze liegen im Wasser als Carbonate, Hydrogencarbonate, Chloride, Sulfate, Phosphate, Ni-

trate und Humate vor. Kocht man das Wasser, so fallen die Carbonate und Hydrogencarbonate aus. Daher wird dieser Teil der „Härte" die „vorübergehende" oder „temporäre" Härte des Wassers genannt. Die übrigen Anionen bleiben beim Kochen zusammen mit den Erdalkali-Kationen gelöst und bilden daher die „bleibende" oder „permanente" Härte.
Die Härte des Wassers wird heute in mmol/l Ca^{2+}-Ionen angegeben, doch sind auch andere Härteangaben im Gebrauch, z. B. deutsche (°d), englische (°e), französische (°f) und amerikanische (°a) Härte. Diese verwirrende Vielfalt von Einheiten sollte nach Möglichkeit nicht mehr verwendet werden. Für eine Übergangszeit stehen Umrechnungstabellen zur Verfügung (Tabelle 7).
Die Härte des Wassers ist regional unterschiedlich. Regenwasser ist sehr weich, erst beim Versickern im Boden nimmt es Salze auf. Dabei kommt es natürlich auf die Beschaffenheit des Bodens an: Bei Granit oder Buntsandstein wird das Quellwasser weich bleiben. Enthält aber der Boden Kalk oder Dolomit, so fällt hartes Wasser an. Bei Passage durch Muschelkalk oder Gips wird das Wasser extrem hart. Etwa die Hälfte aller westdeutschen Haushalte muß für den möglichen Bedarf mit einer Wasserhärte von mehr als 2,7 mmol Ca^{2+}/l entsprechend 15 °d auskommen.
Hartes Wasser hat im allgemeinen einen besseren Geschmack als weiches, die Härte stört aber bei der Bereitung von Speisen und Getränken durch das Verkalken der Kochgeräte. Bei der Waschmaschine, die heute einen Wasserverbrauch von etwa 100 l pro Waschgang hat, müssen alkylarylsulfonat- und seifen-haltige Waschmittel je nach Gegend einen mehr oder minder großen Gehalt an Komplexbildnern (s.o.) enthalten. Wichtig ist in diesem Zusammenhang auch die Tatsache, daß der Wäscheschmutz je nach Zusammensetzung das Waschwasser „aufhärtet", so daß auch bei Verwendung von weichem Wasser Kalkseifen gebildet werden können.

Energie und Mechanik beim Waschen

Die Waschmaschine

Bei den heute auf dem Markt befindlichen Waschmaschinen unterscheidet man zwischen vollautomatischen und halbautomatischen Geräten. Die halbautomatischen Maschinen, bei denen die Schleuder

Tabelle 7. Härtegrad-Umrechnung

	Ca^{2+}-Ionen		$CaCO_3$	Härtegrade			
	$\frac{mmol}{l}$	$\frac{mval}{l}$	mg/kg [b] / ppm [b]	deutsch °d	engl. °e	franz. °f	USA °a
Ca^{2+}-Ionen 1 mmol/l [a]	1,00	2,00	100	5,600	7,020	10,00	5,850
1 mval/l [a]	0,50	1,00	50	2,800	3,510	5,00	2,925
$CaCO_3$ 1 mg/kg [b] 1 ppm	0,01	0,02	1,00	0,056	0,070	0,100	0,0585
1 deutscher Härtegrad	0,1785	0,357	17,80	1,00	1,25	1,78	1,044
1 englischer Härtegrad	0,1425	0,285	14,30	0,798	1,00	1,43	0,829
1 französischer Härtegrad	0,100	0,200	10,00	0,5680	0,702	1,00	0,583
1 USA-Härtegrad	0,171	0,342	17,10	0,958	1,20	1,71	1,00

[a] Bei den Umrechnungsfaktoren dieser Zeile wird vorausgesetzt, daß 1 l Wasser eine Menge von 1 kg hat.
[b] An Stelle von mg/kg wird häufig das Kurzzeichen ppm (parts per million) verwendet.

getrennt vom Waschbottich installiert ist und die nach dem Waschen noch ein Umfüllen der nassen Wäsche erfordern, sind aus den Haushalten schon weitgehend verschwunden. Die in der BR Deutschland verwendeten Waschvollautomaten sind meist Trommelwaschmaschinen. Bei den Trommelwaschmaschinen unterscheidet man zwischen Topladern oder Frontladern, also je nachdem, ob die Maschine von oben oder von vorne mit Wäsche gefüllt wird. Im Gegensatz zu den deutschen Waschmaschinen sind in USA Bottichwaschmaschinen mit Wäschebewegern üblich. Die Wäschebeweger sind am Boden der Bottiche installiert und arbeiten im Reversierrhythmus. Außerdem sind die amerikanischen Waschmaschinen meist nicht heizbar, sondern an die Warmwasserversorgung der Haushalte angeschlossen. Ihre Waschtemperatur liegt daher unter 60 °C. Da in diesem Fall Perborat nur unvollständig bleichen würde, sind US-Waschmittel ohne ein Bleichagenz zusammengestellt. Die Wäsche wird fleckenfrei durch die Verwendung von Chlor-Bleichlauge, die dem Waschgang oder Spülgang separat zugegeben wird. Die Waschzeiten in USA sind kurz und betragen nur ca. 15 Minuten, dagegen ist die Laugenmenge wesentlich größer.

Auf Grund ihrer guten Waschleistungen hat sich auf dem europäischen Markt die vollautomatische Trommelwaschmaschine durchgesetzt und es ist anzunehmen, daß sie auch in den Ländern, die heute noch mit der Bottichwaschmaschine waschen, diese ersetzen wird. So werden heute schon Trommelwaschmaschinen in die USA exportiert und Japan stellt selbst Trommelwaschmaschinen her und exportiert sie. Dies bedeutet, daß man in USA und auch in Japan die Waschmittelrezepturen modifizieren wird besonders im Hinblick auf die Schaumreduzierung.

Waschen ist ein energie-intensiver Vorgang. Schon bei der Herstellung von Waschmittel-Inhaltsstoffen wird Energie verbraucht. Ebenso bei der Produktion des Waschmittels selbst, so z. B. bei der Konfektionierung des Waschpulvers im Heißsprühverfahren. Relativ viel Energie verschlingt der Waschprozeß in den einzelnen Haushaltungen. Es ist also notwendig, alle Möglichkeiten zu nutzen, um den Energieverbrauch zu reduzieren. Mit dem immer stärkeren Vordringen der pflegeleichten Textilien konnte die Waschtemperatur vielfach von 90 °C auf 60 °C gesenkt werden. Bei 90 °C werden heute nur noch baumwollene Unterwäsche, Frottierhandtücher und ähnliches gewaschen.

Nach einer Schätzung wurden in der Bundesrepublik allein für das Waschen ohne Trocknen und Bügeln 1980 noch etwa 6,7 Mrd. kWh/Jahr benötigt. Inzwischen wurden aber deutliche Wasser- und Energieeinsparungen erreicht. Lag der Energieverbrauch früher bei einer Waschmaschine mit einem Fassungsvermögen von 4,5 kg Wäsche noch bei 3 kWh, so liegt er heute bei 2 kWh, also ca. 35% niedriger. Der Wasserverbrauch wurde von 120 l auf 100 l gesenkt. Gab es früher Waschmittelverluste, weil Waschmittel ungenutzt im Abflußsystem der Waschmaschine, auch Laugensumpf genannt, liegen blieben, so kann das heute durch technische Änderungen, z. B. durch die „Ökoschleuße" oder den „Kugelverschluß" vermieden werden.

Neue Entwicklungen sind Waschmaschinen, die die einzelnen Waschmittel-Komponenten je nach Wäscheverschmutzung, Wäscheart o. a. eindosieren. Diese Art der Komponenten-Dosierung wird heute schon manuell mit den Waschmitteln nach dem „Baukasten-Prinzip" durchgeführt.

Seit Einführung der Flüssigwaschmittel hat sich die Notwendigkeit ergeben, wasserdichte Einspülsysteme für den Hauptwaschgang einzubauen. Da aber heute noch in den meisten Haushalten Waschmaschinen stehen, deren Einfüllbehälter sich nur für Pulver aber nicht für Flüssigkeiten eignen, hat man die sogenannte „Waschkugel" erfunden, die mit dem Flüssigwaschmittel gefüllt zwischen die Wäsche gelegt wird und das Flüssigwaschmittel nach und nach an die Waschlauge abgibt.

Eine interessante Neuentwicklung ist auch die Trommelwaschmaschine, bei der eine extrem niedrige Wassermenge im Kreislauf geführt wird und die Wäsche sozusagen durch „Duschen" gewaschen wird.

Für den Energie-Verbrauch einer Waschmaschine gilt: Kochwäsche braucht etwa die Hälfte der für das Waschen benötigten Energie. Generell gesehen entfallen jedoch 91% auf die Heizung, 4% auf den Motor und der Rest auf Pumpen usw. Von den 91% gehen etwa 75% in die Aufheizung der Flotte, 12–14% dienen zur Erwärmung der Maschine und nur 2–5% werden von den Textilien aufgenommen.

Es sei noch einmal der Waschkreis nach Sinner herangezogen. Jede Änderung an einem der vier Faktoren Temperatur, Mechanik, Zeit und Chemie erfordert eine Veränderung der anderen. Will man Heizenergie einsparen und die Temperatur senken, so kann dies nur durch Erhöhung der Waschmittelkonzentration oder durch den Einsatz gezielt auf Energieminderung ausgelegter Waschmittel geschehen.

Industriewaschmaschinen

Bei den Industriewaschmaschinen unterscheidet man zwischen Waschmaschinen für die Textilindustrie und Waschmaschinen für die gewerbliche Wäscherei. In der Textilindustrie kennt man Tuch und Wollwaschmaschinen, wobei man erstere als Strangwaschmaschine oder Breitwaschmaschine einsetzt. Bei der Breitwaschmaschine übernehmen Quetschwalzen die mechanische Bearbeitung, die das Tuch durch einen Stauchkanal drücken, wo es durch einen „Stauchhammer" bearbeitet wird. Bei der modernen Strangwaschmaschine wird das in voller Breite ankommende Tuch zu einem Strang zusammengefaßt und anschließend wieder auseinandergebreitet. Die Waschwirkung in Strangform ist intensiver als in der Breitlage, da die Quetschwirkung der Druckwalzen und die mechanische Reibung der Fasern gegeneinander den Wascheffekt verstärken.

Waschmaschinen für die gewerbliche Wäscherei

In gewerblichen Wäschereien haben sich die Trommelwaschmaschinen durchgesetzt. Wie bei der Haushaltswaschmaschine enthält die äußere Trommel die Waschlauge, während sich die Wäsche in der inneren, gelochten Trommel befindet. Die gelochte Trommel hat Mitnehmerrippen, die die Wäschebewegung unterstützen. Größere Trommeln sind senkrecht und waagerecht unterteilt, was eine Sortierung der Wäsche nach Faserart oder Färbung erleichtert. Maschinen mit zweiteiliger Innentrommel werden als Pullmann-Maschinen, mit dreiteiliger Innentrommel als Y-Maschinen und mit vierteiliger Innentrommel als X- oder Sternmaschinen bezeichnet. Bei der Gegenstrom-Waschmaschine erfolgt das Waschen in einem stetig fließenden Badstrom gegenläufig zur Wäsche. Die einzelnen Waschvorgänge, wie Netzen, Vorwaschen, Klarwaschen und Spülen gehen hierbei ineinander über. Der Badstrom wird durch ständig zufließendes Frischwasser und Waschmittel gespeist, die mit Schmutz und Waschmittelresten angereicherte Waschflotte fließt ab. Es kann sich dabei um Maschinen mit 4–12 hintereinander geschalteten Einheiten handeln, bei denen das Bedienungspersonal den Platz wechseln muß oder um Maschinen, die sich auf einem Karussel drehen und bei denen das Personal seinen Platz beibehält. Beim Waschen im Gegenstrom werden Energie und Wasser gespart, auch werden die Waschmittel optimal ausgenutzt.

Die gewerbliche Wäscherei hat nur noch einen kleinen Anteil an der Gesamtwäsche (wenn man Anstalten, Krankenhäuser, Büros, Kleingewerbe usw. mit zur Haushaltswäsche rechnet). Die Kesselwäsche ist praktisch verschwunden, die Trommelhaushaltswaschmaschine dominiert.

Chemisch-physikalische Grundlagen des Waschprozesses

Der Waschprozeß ist äußerst kompliziert. Er verläuft vornehmlich an den Grenzflächen Waschflotte/Schmutz, Waschflotte/Faser und Schmutz/Faser. Um ihn zu verstehen, muß man die typischen Merkmale der grenzflächenaktiven Substanzen (= Tenside) in die Überlegung einbeziehen. Tenside haben die Fähigkeiten
a) sich an der Grenzfläche von Lösungen anzureichern und
b) deren Oberflächenspannung bzw. Grenzflächenspannung zu erniedrigen.

Dazu muß das Tensid-Molekül zwei räumlich voneinander getrennte Elemente besitzen, die hydrophile und die hydrophobe Gruppe.

Molekularer Aufbau und Systematik der Tenside

Die hydrophile Gruppe ist „wasserfreundlich", die hydrophobe Gruppe „wasserfeindlich". Abbildung 9 zeigt schematisch den Aufbau eines Tensid-Moleküls.
Bei der Seife ist die hydrophobe Gruppe ein längerer (aliphatischer) Kohlenwasserstoff-Rest, die hydrophile Gruppe ist die Carboxyl-Gruppe (in Form ihrer Alkalimetallsalze). Die Chemie war und ist bemüht, zur Verbesserung der anwendungstechnischen Eigenschaften das Tensid-Molekül zu variieren.
Folgende Möglichkeiten werden dabei ausgenutzt:
- Änderung der hydrophilen Gruppe,
- Änderung der hydrophoben Gruppe,
- Änderung der Stellung der hydrophilen Gruppe innerhalb des hydrophoben Molekülteils.

Wie Abb. 10 zeigt, können die Tenside aber auch wie folgt aufgebaut sein: Entweder es sind
- die hydrophobe Kette in der Mitte des Moleküls und hydrophile Gruppen zu beiden Seiten oder

Molekularer Aufbau und Systematik der Tenside   35

Abb. 9

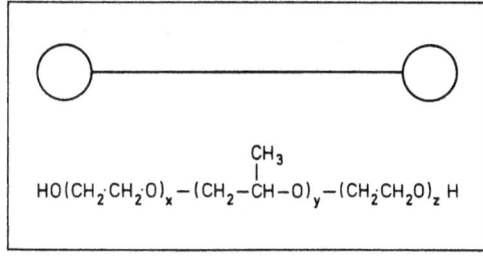

	hydrophob	hydrophil
	lipophil	lipophob

HO(CH$_2$CH$_2$O)$_x$–(CH$_2$–CH(CH$_3$)–O)$_y$–(CH$_2$CH$_2$O)$_z$H

R–C(R)(OH)–CH≡CH–C(R)(OH)–R

R–[C(=O)–N(H)–CH(R)]$_x$–COOH

R–COO–CH$_2$–CH[O(CH$_2$–CH$_2$–O)$_x$H] ... H(O–CH$_2$–CH$_2$)$_y$O ... O(CH$_2$–CH$_2$–O)$_z$H

Abb. 10

- hydrophobe Ketten zu beiden Seiten des Moleküls und eine hydrophile Gruppe in der Mitte oder
- hydrophile und hydrophobe Gruppen über das gesamte Molekül in regelmäßigen Abständen verteilt oder
- die hydrophoben Ketten können verzweigt oder unverzweigt sein, wie auch die hydrophilen Gruppen verzweigt sein können.

Die z. Z. großtechnisch hergestellten und vermarkteten Tenside lassen sich nach ihrem chemischen Aufbau in vier Gruppen unterteilen:

1. Anion-Tenside, in denen ein hydrophober Kohlenwasserstoff-Rest mit einer hydrophilen, negativ geladenen Gruppe verbunden ist (Abb. 11)
2. Kation-Tenside, in denen ein hydrophober Kohlenwasserstoff-Rest mit einer hydrophilen, positiv geladenen Gruppe verbunden ist (Abb. 12)
3. Ampho-Tenside, in denen ein hydrophober Kohlenwasserstoff-Rest mit einer sowohl negativ als auch positiv geladenen Gruppe verbunden ist (Abb. 13)
4. Nicht-ionogene Tenside (Nonionics), in denen ein hydrophober Rest, durch eine Anhäufung zur Hydratisierung befähigter, ungeladener Polyglykolether-Gruppen wasserlöslich wird. N steht für den nichtionischen, hydrophilen Rest (Abb. 14).

Auf die einzelnen Tensid-Typen wird später eingegangen.

Eigenschaften von Tensid-Lösungen, Micell-Bildung

Gibt man ein Tensid in Wasser, so reichert es sich an allen Grenzflächen an. Sind alle Grenzflächen besetzt, so hat das Tensid nur noch die Möglichkeit, mit sich selbst Molekülverbände zu bilden. Diese Molekülverbände sind meist kugelige Aggregate, bei denen die hydrophoben Teile nach innen zeigen und die hydrophilen Teile zur Wasser Grenzfläche ausgerichtet sind, so daß Molekülaggregate nach außen hydrophil erscheinen. Wird die Konzentration größer, so lagern sich die Kugeln zu Stäbchen zusammen, da sie dann eine geringere Oberfläche als die einzelnen Kugeln aufweisen. Schließlich bilden, wie Abb. 15 zeigt, sich aus den Micell-Stäbchen flächenförmige Aggregate, die eine noch geringere Oberfläche haben. Der Übergang in die einzelnen Aggregate läßt sich durch Leitfähigkeits-

Eigenschaften von Tensid-Lösungen, Micell-Bildung 37

Abb. 11

Abb. 12

Abb. 13

Abb. 14

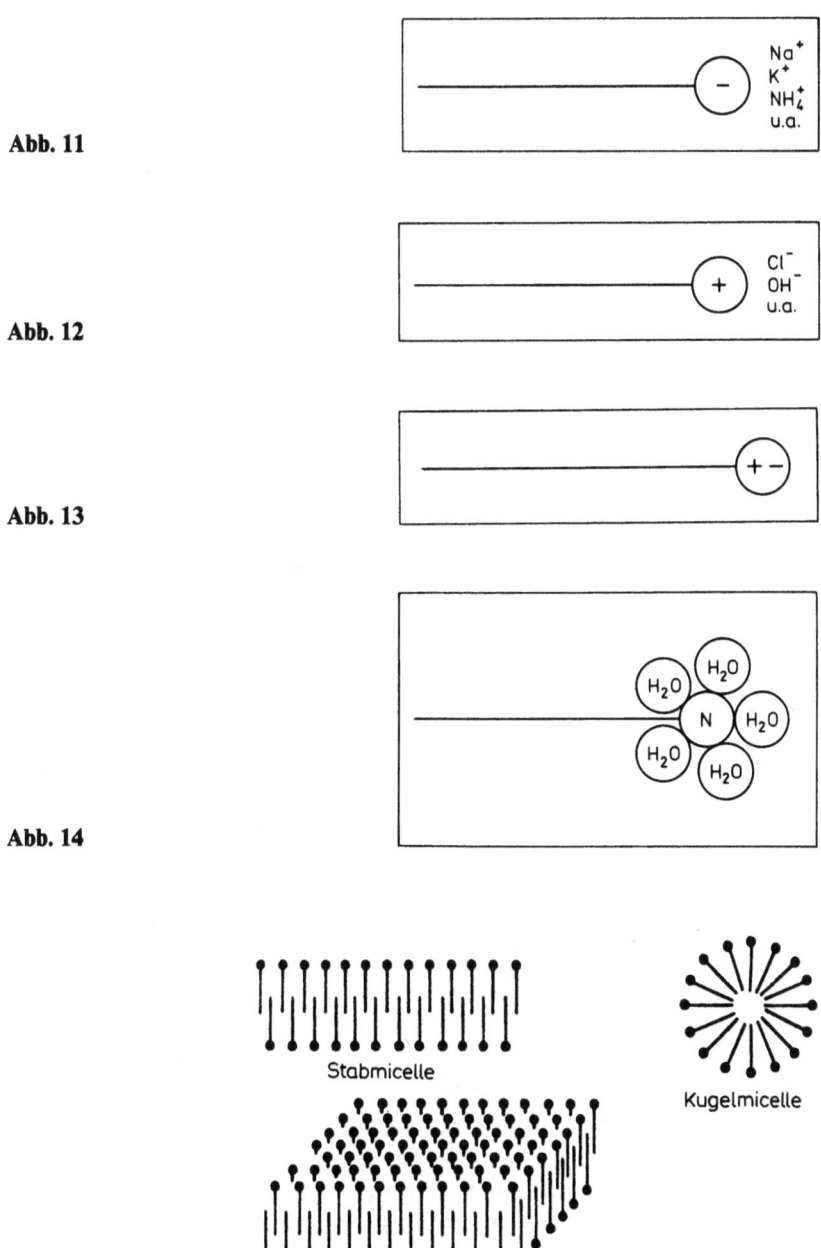

Abb. 15. Einige Formen der Micellbildung von Tensidmolekülen

38 Chemisch-physikalische Grundlagen des Waschprozesses

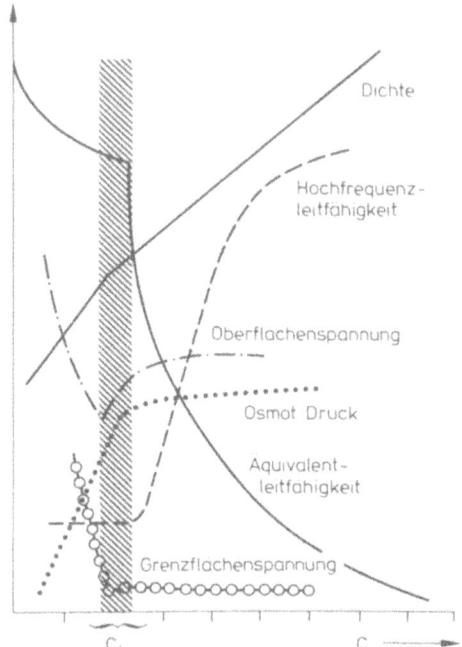

Abb. 16. Physikalische Eigenschaften und kritische Konzentration der Micellbildung C_k von Natriumdodecylsulfat

messungen, durch Lichtbrechung oder durch Viskositätsmessungen nachweisen. Die Micellen sind für den Waschvorgang sehr wichtig, da sie gewissermaßen Reservemengen für die Bildung weiterer neuer Grenzflächen darstellen. Ihre Anwesenheit erlaubt die Belegung neuer Grenzflächen, etwa um Schmutzteilchen, da dieser Zustand energetisch günstiger ist als der Micell-Verband. Die Bildung von Micellen findet nur oberhalb einer als „kritische Micellbildungskonzentration" bezeichneten Konzentrationsgrenze statt. Das zeigt sich auch bei der Messung der Oberflächenspannung. Mit steigender Tensid-Konzentration sinkt sie stetig, bleibt aber ab einer für jedes Tensid charakteristischen Konzentration annähernd konstant. Nicht nur die Oberflächenspannung, auch eine Reihe von anderen für die Theorie des Waschprozesses wichtigen Eigenschaften ist von der kritischen Micellbildungskonzentration abhängig. Abbildung 15 zeigt den Zusammenhang zwischen der kritischen Micellbildungskonzentration von Natriumdodecylsulfat und seinen physikalischen Eigenschaften.

Die Theorie des Waschens

Um den Waschprozeß verständlich zu machen, soll er in Einzelvorgänge geteilt werden:
1. zunächst werden die Faser und der Schmutz von der Waschflotte benetzt,
2. dann wird der Schmutz von der Faser abgelöst und
3. schließlich mit der Waschflotte weggespült.

Diese drei Stufen werden nun wieder in mehrere Einzelschritte unterteilt und im Nachfolgenden erläutert.

Benetzen von Faser und Schmutz

Bringt man die Wäsche in die Waschflotte, so findet zuerst die Benetzung statt. Unter Benetzen verstehen wir das Verdrängen der in und an der Faser haftenden Luft. Gemessen wird dieser Vorgang durch Bestimmung des Netzwertes (nach DIN 53901). Es wird dabei die Zeit bestimmt, die benötigt wird, um ein „Netzplättchen" von bestimmter Größe in einer netzmittelhaltigen Lösung zum Untersinken zu bringen. Die Benetzung steht in enger Beziehung zur Oberflächenspannung der Waschflotte und zur Grenzflächenspannung. Letztere wird über den Randwinkel bestimmt.
Nach der völligen Benetzung stellt sich eine Sättigung der Phasen im Grenzbereich ein, d. h. die Tenside wandern an die Grenzflächen und bilden Adsorptionsschichten (in Verbindung mit Salzen und Alkalien), wobei auch eine fortlaufende Änderung der physikalischen Daten der Faser stattfindet. Diese Änderungen drücken sich aus in der Quellung der Faser durch Feuchtigkeitsaufnahme, Temperatureinwirkung, pH-Wert und Osmose. Die Oberfläche der Faser wird vergrößert, und u. a. wird die Oberflächenrauhigkeit vermindert.
Je nach dem, ob die Oberfläche der Faser oder des Schmutzes hydrophil oder hydrophob ist, bilden sich nun einfache oder doppelte

Adsorptionsschichten. Dies hängt auch davon ab, ob die Oberfläche eine positive oder negative Ladung trägt. Die Adsorptionsschichten sind sehr wichtig beim Waschen, also beim Emulgieren, Umnetzen und Peptisieren sowie beim „Schmutztragevermögen" der Waschflotte. Die Adsorptionsschichten wachsen aus den in der Lösung vorhandenen Micellen; zwischen dem Zerfall von Micellen und dem Aufbau von Adsorptionsschichten stellt sich allmählich ein Gleichgewicht ein.

Nach dem Modell von Stern (1924) bildet sich eine elektrochemische Doppelschicht an Grenzflächen, wenn man Elektrolyte in Wasser löst. Zwischen dieser, Stern-Schicht genannten Doppelschicht und den von den Tensiden gebildeten Adsorptionsschichten lassen sich Zusammenhänge ableiten. Ohne auf die komplizierten, thermodynamischen Vorgänge einzugehen, sei nur gesagt, daß sich beim Einbringen der Faser in Wasser durch die leichtere Polarisierbarkeit des negativen Teils sowohl des Wassers als auch der Elektrolyte auf der Faser und auf den Schmutzteilchen eine negative Ladung ausbildet, die nicht vollständig kompensiert wird und sich daher als Potentialdifferenz ausdrückt.

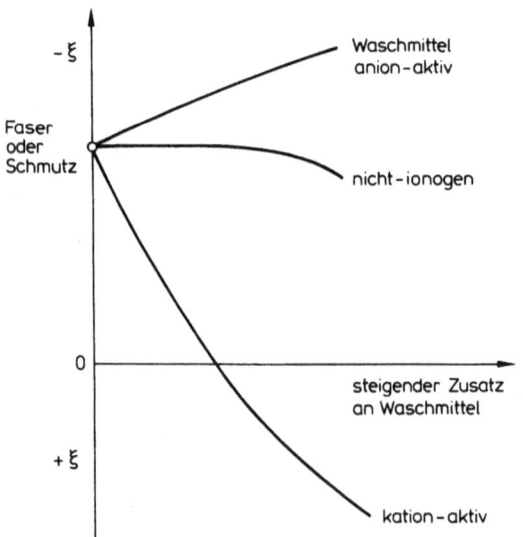

Abb. 17. Einfluß von Waschmitteln verschiedener Ionogenität auf die elektrische Ladung der Faser bzw. des Schmutzes, schematisch

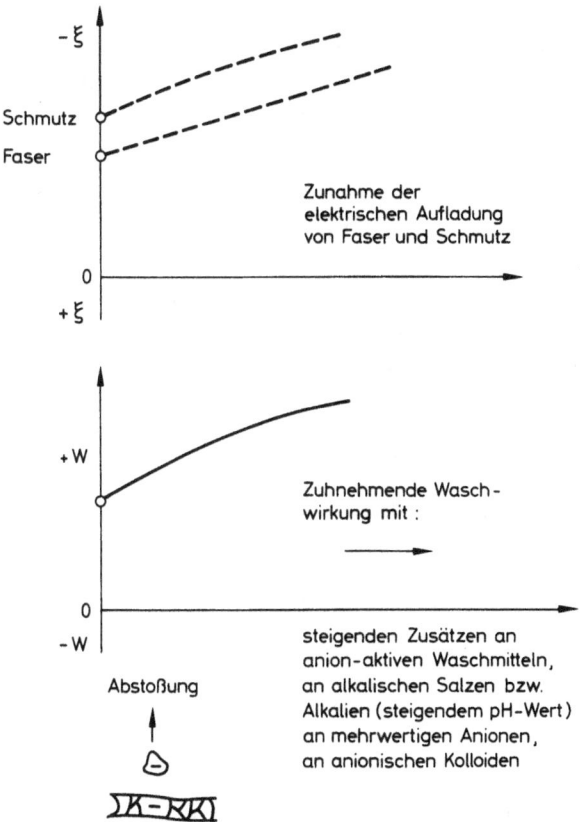

Abb. 18. Einfluß von anionaktiven Waschmitteln auf die elektrische Ladung und auf die Waschwirkung, schematisch

Diese Potentialdifferenz wird „elektrokinetisches Potential" oder „Zeta-Potential" genannt. Mit anionaktiven Tensiden werden diese Zeta-Potentiale verstärkt, mit kationaktiven Tensiden erniedrigt. Diese Vorgänge werden in Abb. 17 und 18 verdeutlicht.

Ablösen des Schmutzes

Das Ablösen des Schmutzes ist im allgemeinen ein physikalischer Vorgang, der aber auch manchmal chemischen Charakter haben kann, z. B. bei der oxidativen Zerstörung von Schmutzteilchen. Im allgemeinen werden mit Tensiden und Elektrolyten Bindungskräfte zwischen Schmutz und Faser durch Energie überwunden. Zum Verständnis sollen hier zunächst die Kräfte, die an den Grenzflächen auftreten, erläutert werden. Es sind dies

1. Van der Waal'sche Kräfte, definiert als Anziehungskräfte zwischen den Flüssigkeitsmolekülen. Sie treten als Grenzflächenspannung in Erscheinung.
2. Coulombsche Kräfte, die zwischen den Plus- und Minusladungen der Ionen zur Wirkung kommen, die wiederum durch Dissoziation von salzartigen Verbindungen entstanden sind.
3. Elektrostatische Kräfte, die im gleichen Molekül durch Ionen oder Dipole entstehen können.

Die zur Überwindung der Bindungskräfte benötigte Energie wird beim Waschprozeß in Form von Mechanik und Wärme, aber auch in Form von chemischer Energie durch Bleichmittel, d. h. Reduktions- und Oxidationsmittel und Komplexbildner zugeführt. Damit werden energetische Barrieren überwunden, Adsorptions- und Diffusionsgeschwindigkeit erhöht, die Viskosität erniedrigt, größere Oberflächen geschaffen und die Strömungsgeschwindigkeit im Faserverband vergrößert.

Ablösen flüssiger Anschmutzungen

Bei flüssigen Anschmutzungen handelt es sich meist um öligen, in Wasser nicht löslichen Schmutz. Die Ablösung des Öles geht dabei so vonstatten, daß sich das Netzmittel allmählich unter das Öl schiebt, das sich zu einer Kugel, der energetisch günstigsten Form einer Flüssigkeit, zusammenzieht und dann von der Faser löst. Bei diesem Vorgang bildet sich an der Grenzfläche zwischen Öl und Waschflotte eine Adsorptionsschicht von Tensiden, deren hydrophobe Teile in das Öl und deren hydrophile Teile zum Wasser zeigen. So erscheint der Öltropfen an der Oberfläche hydrophil. Der kugelförmige Tropfen wird nach Ablösen von der Faser dispergiert. Abbildung 19 zeigt den Vorgang, man bezeichnet ihn als „Umnetzung", wie man ihn unter dem Mikroskop beobachten kann.

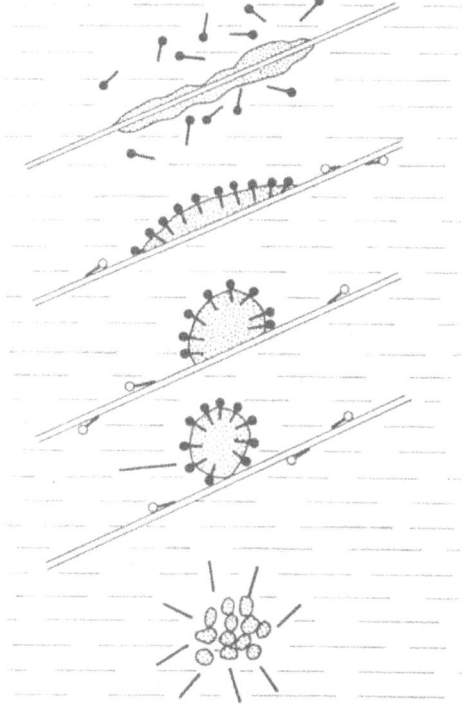

Abb. 19. Vorgänge beim Waschen einer ölverschmutzten Faser

Ablösen fester Anschmutzungen

Es wird hier unterschieden zwischen:
Partikeln ohne direkten Kontakt zur Faser, bei denen sich also zwischen Faser und Partikel eine ölige und fettige Schicht befindet und Partikeln mit direktem Kontakt zur Faser.
Partikel ohne direkten Kontakt werden, wie die flüssigen Anschmutzungen durch Umnetzung entfernt. Bei Partikeln mit direktem Kontakt sind die Verhältnisse etwas komplizierter. Wie Abb. 20 zeigt, tritt zwischen festem Schmutz und Faser eine potentielle Energie auf, die sich aus der van der Waal'schen Anziehungskraft und der Coulomb'schen Abstoßungskraft ergibt. Das resultierende Potential zeigt ein Maximum, das überwunden werden muß, wenn sich das Teilchen von der Faser ablösen soll.

44 Die Theorie des Waschens

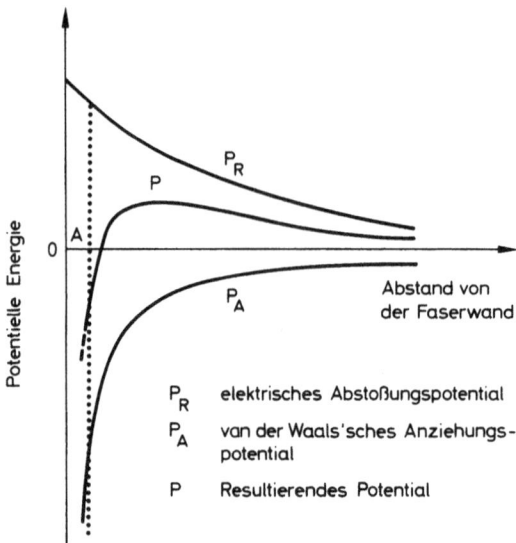

Abb. 20. Potentielle Energie eines Schmutzteilchens in Abhängigkeit vom Abstand von der Faserwand, schematisch. P_R, elektrisches Abstoßungspotential; P_A, van der Waals'sches Anziehungspotential; P, resultierendes Potential

Wie erwähnt, laden sich Fasern beim Eintauchen in Wasser negativ auf. Tabelle 8 zeigt die gemessenen Zeta-Potentiale. Wie Fasern kann auch Schmutz eine negative Ladung annehmen. In diesem Fall tritt ein abstoßender Effekt auf, der aber für eine Ablösung des Schmutzes nicht ausreicht. Lädt sich dagegen das Schmutzteilchen positiv auf, so wird die Anziehung an das Gewebe stärker. Die negativen Ladungen kann man durch Zugabe von Alkalien, d. h. negativ geladene OH-Ionen, verstärken. Aber auch mehrwertige Anionen, z. B. Phosphate, können eine Negativ-Verstärkung geben, da sie gegenüber den einwertigen Anionen bevorzugt adsorbiert werden. Man könnte also, theoretisch gesehen, ausschließlich mit Alkalien waschen, doch kann das Waschergebnis nicht zufriedenstellend sein. Fügt man jedoch noch anionische Tenside dazu, die einerseits die Auflagung erhöhen, andererseits aber infolge ihres hydrophoben-hydrophilen Charakters auf den Schmutz und auf das Gewebe aufziehen, so kann das Wasser zwischen die Grenzschicht Schmutz und Textil eindringen. Die Zunahme der elektrischen

Tabelle 8. Elektrische Aufladung von Fasern in Wasser (nach Karrer und Schubert)

Faser	Elektrokinetisches Potential ζ (relative Werte)
Wolle	48
Baumwolle	38
Acetat-Reyon	36
Kupfer-Reyon	−5
Viskose-Reyon	−4
Seide, entbastet	−1

Aufladung und die damit verbundene Zunahme der Waschwirkung ist aus Abb. 21 ersichtlich. Elektrolyte, wie Phosphate oder Natriumsulfat, erhöhen die Grenzflächenaktivität der Tenside zusätzlich, indem sie diese noch stärker an die Grenzflächen drücken, was eine Verbesserung des Reinigungseffektes bewirkt. Abbildung 20 soll die Ladungskräfte, die zwischen Faser und Pigmentschmutz auftreten, im Zusammenwirken mit den Tensiden veranschaulichen. Untersucht man die Waschwirkung von kationaktiven Tensiden, so mißt man eine starke Erniedrigung des Zetapotentials sowohl am Schmutz als auch an der Faser. Bei Zugabe kleiner Mengen an Kationtensiden wird die Abstoßung zwischen Schmutz und Faser

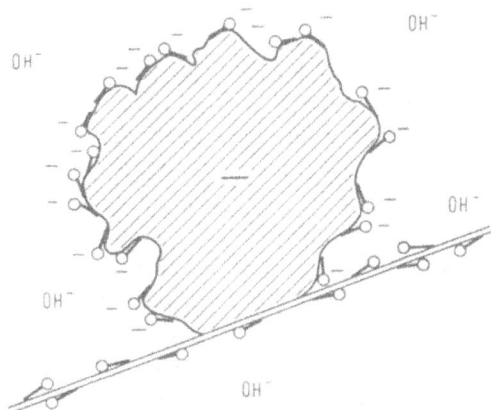

Abb. 21. Vorgänge beim Entfernen fester Schmutzteilchen von einem Gewebe

46 Die Theorie des Waschens

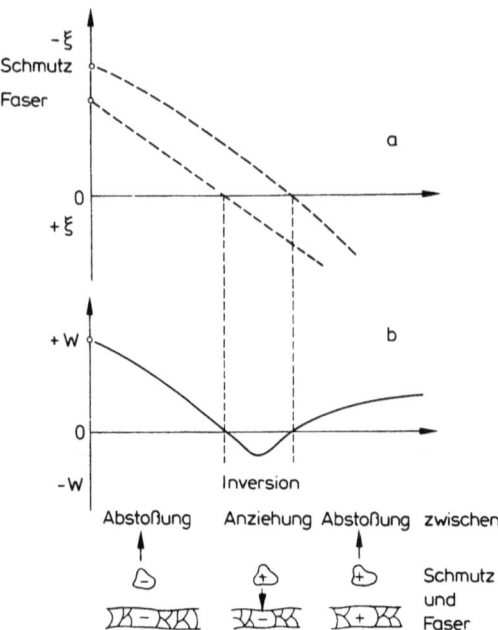

Abb. 22 a, b. Einfluß von kationaktiven Waschmitteln auf die elektrische Aufladung (3) der Faser und des Schmutzes und auf die Waschwirkung (W) nach Kling, schematisch. **a** Verminderung und Vorzeichenumkehr der elektrischen Aufladung. **b** Änderung der Waschwirkung mit steigenden Zusätzen an kationaktiven Waschmitteln, an sauren Salzen oder Säuren (fallender pH-Wert); diese Effekte sind durch Zusatz mehrwertiger Kationen und kationischer Kolloide zu verstärken

immer geringer und geht gegen Null. Gibt man aber weitere Mengen kationaktive Tenside zu, so tritt eine Inversion ein, d. h. die Abstoßung wird allmählich wieder größer, weil das Zetapotential immer größere positive Werte erreicht. Abbildung 22 zeigt diese Vorgänge. Kationaktive Tenside sind demnach keine eigentlichen Waschrohstoffe, da sie bei Zugaben in üblichen Mengen die Abstoßung zwischen Schmutz und Faser vermindern und erst bei Zugabe größerer Mengen eine geringe Waschwirkung festzustellen ist.

Reiner Pigmentschmutz kommt in Haushaltswäschen kaum vor. Viel mehr sind sowohl ölige Anschmutzungen als auch Pigmentschmutz ohne direkten Kontakt zur Faser vorhanden. Man kann daher annehmen, daß bei der Haushaltswäsche der Schmutz hauptsächlich durch Umnetzung entfernt wird. Wenn Magnesium-, Calcium- und Schwermetallsalze von Fettsäuren und Aminosäuren, die im normalen Schmutz immer vorhanden sind, zu einer Verkittung des Schmutzes führen, so kann das Tensid nicht wirken. Hier kommen kondensierte Phosphate zur Wirkung, die mit den Schwermetallen und den anderen zweiwertigen Metallen, wie Magnesium und Calcium wasserlösliche Komplexe bilden und den verkitteten Schmutz aufbrechen. Der so aufgebrochene Schmutz wird dann vom Tensid angegriffen.

Wegspülen des Schmutzes

Nach Ablösen der Schmutzpartikel von der Faser befinden sie sich nun in der Waschflotte und müssen weggespült werden. Dieser Prozeß ist ein Verdünnungsprozeß, der das neu gebildete Phasensystem trennen muß. Um den Wasserbedarf zu senken, unterteilt man in mehrere Spülstufen. Außerdem dienen Spülstufen dazu, die heiße Wäsche allmählich wieder auf Zimmertemperatur zu bringen. Mehrere Schleudergänge zwischen den Spülgängen verbessern die Schmutzentfernung.
Es wäre auch denkbar, die Waschflotte sofort ablaufen zu lassen und dann kaltes Wasser zuzugeben. Es hat sich aber gezeigt, daß dabei ein großer Teil des in der Waschflotte befindlichen Schmutzes wieder auf die Wäsche ausgefällt wird und daß bei zu schneller Abkühlung die Wäsche knittert.

Waschmittel und ihre Inhaltsstoffe

Begriffsbestimmungen

Waschmittel sind chemische Zubereitungen, die aus einer großen Zahl von Inhaltsstoffen bestehen. Sie werden in der Literatur auch als „Detergentien" oder „Syndets" bezeichnet. Letzteres ist eine Wortbildung aus den beiden englischen Wörtern Synthetic Detergents. Waschmittel sind in ihrer Art und Menge so zusammengesetzt, daß sie ein optimales Waschergebnis bei größtmöglicher Wäscheschonung ergeben sollen. Die Bestandteile der Waschmittel müssen bezüglich ihrer Umweltbelastung den Gesetzen der BR-Deutschland und der EG entsprechen.
Unter dem Begriff Waschmittel werden nur solche Produkte verstanden, die in Wasser gelöst zur Naßwäsche von Textilien dienen. Sie werden eingeteilt in

- pulverförmige Waschmittel und Flüssigwaschmittel oder nach Art ihrer Verwendung als
- bleichmittelfreie Waschmittel, Vorwaschmittel und Spezialwaschmittel oder als
- bleichmittelhaltige Universal- und Spezialwaschmittel.

Außerdem lassen sie sich einteilen in Waschmaschinenwaschmittel und Handwaschmittel, worunter auch die Woll- und Spezialwaschmittel und Waschpasten fallen.
Seife hat als Waschmittel den Nachteil, mit der natürlichen Wasserhärte (also den Calcium- und Magnesium-Ionen des Wassers) wasserunlösliche Kalkseifen zu bilden, die nicht mehr zur Waschwirkung beitragen. Man hat daher schon früh versucht, diese nachteiligen Eigenschaften der Seife zu mildern, indem man das Wasser vor dem Waschen enthärtete.
Das heute in allen Waschmitteln enthaltene Alkylbenzolsulfonat wurde erst nach dem 2. Weltkrieg eingesetzt. In dieser Zeit begann

auch das „Waschmaschinenzeitalter", das auch völlig neue Waschmittelrezepturen brachte.
Hierzu einige Beispiele:
1. Legte man vor der Einführung der Trommelwaschmaschine großen Wert auf ein gutes Schäumen, als sichtbares Zeichen guter Waschkraft, so mußten die Waschmittel für Trommelwaschmaschinen jetzt so eingestellt werden, daß sie weniger Schaum gaben. Überschäumende Waschmaschinen können deren elektrische Vorrichtungen zerstören und werden besonders in der Küche von der Hausfrau wenig geschätzt. Um an der alten Vorstellung, „Schaum gleich Waschkraft" festzuhalten, wurden die zum Teil auch für die Handwäsche verwendeten Waschmittel so eingestellt, daß sie bis etwa 40 °C noch schäumten und der Schaum dann bis 60 °C allmählich zurückging, um bei höheren Temperaturen weitgehend zu verschwinden. Man sprach von „gesteuertem" Schaum.
2. Ehedem wurde schmutzige Wäsche vor dem Waschen meist über Nacht eingeweicht, jetzt sollten die Waschmittel ohne vorheriges Einweichen wirken und dies noch dazu möglichst in kurzer Zeit.
3. Früher wurde die Wäsche im emaillierten oder Kupferkessel gewaschen und danach in Holzbottichen weiter behandelt. Auf die korrodierende Wirkung eines Waschmittels hatte man kaum geachtet. Jetzt mußten Korrosionsinhibitoren zugesetzt werden, um die aus vergütetem Eisenblech gefertigten Waschmaschinen zu schonen.
4. Die Wäsche war gestampft und gebürstet oder auf dem Rubbelbrett behandelt, d. h. mechanisch sehr stark beansprucht worden. Die Wäsche war verhältnismäßig kurzlebig gewesen oder hatte aus sehr kräftig gewebtem Stoff bestehen müssen. Nun, wo man leichtere Stoffe bevorzugte, mußte auch die mechanische Beanspruchung auf ein Mindestmaß herabgesetzt werden. Den Ausgleich sollten die Waschmittel bringen, d. h. sie sollten die Mechanik weitgehend ersetzen. Ferner steuerte man im Rahmen der Energieersparnis niedrigere Waschtemperaturen für alle Wäschearten an und mußte also die Zusammensetzung der Waschmittel entsprechend einstellen.

Ein Universal-Waschpulver besteht aus folgenden großen Substanzgruppen:
1. Waschaktive Substanzen (Tenside)
2. Gerüstsubstanzen (Builder)

3. Bleichmittel
4. Hilfsstoffe

Wie wir bereits sahen sind „Tenside" organische Moleküle (hydrophob/hydrophil), die sich an Grenzflächen anlagern und in hohem Maße das Waschen bewirken. „Gerüstsubstanzen"[1] sind die anorganischen Komplexbildner wie Triphosphat ($Na_5P_3O_{10}$) und die Co-Builder (Polycarboxylate) oder auch Ionenaustauscher, die Calcium-, Magnesium- und Schwermetallionen in ihr Kristallgitter einlagern können (Zeolithe, Sasil). Soda und Na-Silikat verwendet man um den Alkalitätsgrad einzustellen. Als Stellmittel bezeichnet man Produkte, die zwar als Füllstoffe ohne Wirkung für das Waschen sind, beim Versprühen im Sprühturm aber ein besseres Kristallisieren bewirken (z. B. Na_2SO_4).
Als Bleichmittel wird fast ausschließlich Natrium-Perborat verwendet, Percarbonat hat keine ausreichende Lagerstabilität. Zu den Hilfsstoffen zählen die Bleichaktivatoren (Tetraacetylethylendiamin (TAED)), die optischen Aufheller, Vergrauungsinhibitoren, Enzyme, Schaumregulatoren, Korrosionsinhibitoren und schließlich Parfüm und Farbstoffe (Tabelle 9).
Die Bestandteile eines Waschmittels müssen beim Waschprozeß spezielle Aufgaben erfüllen. Ihre Wirkungen können sich teilweise synergistisch beeinflussen. Manche Zusätze sind auch für den Herstellungsprozeß und die Beschaffenheit des Produktes notwendig.

Die Tenside

Tenside sind die wichtigste Gruppe der Waschmittel-Inhaltsstoffe. Es handelt sich um wasserlösliche Stoffe, die je nach Ladung des die Alkylkette tragenden Molekülteils unterschieden werden in

---

[1] Der Name „Gerüstsubstanzen" stammt aus dem alten Herstellungsverfahren für Waschpulver, dem Tennenverfahren. Damals wurden anorganische Salze meist in calcinierter trockener Form auf einer großen Fläche ausgebreitet und mit einer Seifenlösung besprüht, die gerade so viel Wasser enthielt, daß es als Kristallwasser aufgenommen werden konnte und das Produkt pulverförmig blieb. Die anorganischen Salze bildeten also das Gerüst für die Seife.

Tabelle 9. Universalwaschpulver – Standardformulierung

Inhaltsstoffe	Wirkung	Anteil in %
Alkylbenzolsulfonat	Waschwirkung	6...12
Fettalkoholpolyglykolether	Emulgierung Dispergierung	
Seife	Schaumdämpfung	1...4
Zeolith	Komplexierung Wasserenthärtung	20...35
Polycarboxylat	Komplexierung Wasserenthärtung usw.	0...6
Natriumperborat	Bleichen	20...30
TAED	Bleichaktivator	2...4
Silikat (Wasserglas)	Korrosionsinhibierung Alkalität	4...6
Magnesiumsilikat	Perboratstabilisierung	1...2
optischer Aufheller	Weißtönung	0,1...0,5
Carboxymethylcellulose	Vergrauungsinhibierung	0,5...2
Parfüm	Geruchsverbesserung	0,1...0,2
Farbstoffe	Farbgebung	0,0008...0,001
Natriumsulfat	Stellmittel	5...15
Wasser	–	5...10

- anionische Tenside,
- nichtionische Tenside,
- kationische Tenside und
- amphotere Tenside.

Kettenlänge des Alkyl-Restes und seine Struktur, die Verknüpfung der hydrophilen Gruppe an den hydrophoben Rest und Art der Verzweigung haben großen Einfluß auf die Wirkung.
Verfügbarkeit, Preis, anwendungstechnische Eigenschaften, toxikologisches und ökologisches Verhalten spielen als Auswahlkriterien eine große Rolle. Eine marktbeherrschende Bedeutung haben aus den umfangreichen Angeboten nur wenige Tenside erreichen können, wobei auch wirtschaftliche Aspekte für die Auswahl mit entscheiden. Tabelle 10 gibt eine Übersicht der wichtigsten Tenside.

Tabelle 10. Die wichtigsten Tenside

Formel		Chemische Bezeichnung
Anionische Tenside		
$R-CH_2COONa$	$R = C_{11-17}$	Seife
$R-C_6H_4-SO_3Na$	$R = C_{10-13}$	Alkylbenzolsulfonat
$\begin{array}{c}R\\R^1\end{array}\!\!\!>\!CH-SO_3Na$	$R + R^1 = C_{12-16}$	Alkansulfonat
$R-CH_2-CH=CH-(CH_2)_nSO_3Na$	$R = C_{10-14}$	α-Olefinsulfonat
$R-\underset{\underset{SO_3Na}{\mid}}{CH}-C\!\!\begin{array}{c}\diagup\!O\\\diagdown\!OCH_3\end{array}$	$R = C_{14-16}$	α-Sulfofettsäure-methylester
$R-CH_2-O-SO_3Na$	$R = C_{11-17}$	Alkylsulfat
$\begin{array}{c}R\\R^1\end{array}\!\!\!>\!CH-O-(C_2H_4O)_2-SO_3Na$	$R + R^1 = C_{10-14}$	Alkylethersulfat
Nichtionische Tenside		
$\begin{array}{c}R\\R^1\end{array}\!\!\!>\!CH-O-(CH_2CH_2O)_nH$	a) $R = C_{8-18}$ $n = 3-15$ b) $R + R^1 = C_{10-14}$ $n = 3-12$	a) prim. Alkoholoxethylat bei $R^1 = H$ b) sek. Alkoholoxethylat
$R-C_6H_4-O-(CH_2CH_2O)_nH$	$R = C_{8-12}$ $n = 5-10$	Alkylphenoloxethylat
$R-\overset{O}{\overset{\|}{C}}-N\!\!\begin{array}{c}\diagup(CH_2CH_2O)_nH\\\diagdown(CH_2CH_2O)_mH\end{array}$	$R = C_{11-17}$ $n = 1-2$ $m = 0;1$	Fettsäureethanolamid
$C_{12}H_{25}-\underset{\underset{CH_3}{\mid}}{\overset{\overset{CH_3}{\mid}}{N}}\!\rightarrow\!O$		Aminoxid

Die Tenside 53

Tabelle 10 (Fortsetzung)

Formel		Chemische Bezeichnung
Kationische Tenside		
$\begin{array}{c} R^1 \diagdown \diagup R^3 \\ N^+ \\ R^2 \diagup \diagdown R^4 \end{array}$	$R^1, R^2 = C_{16-18}$ $R^3, R^4 = C_1$ $X = Cl$	Tetraalkyl-ammonium-chlorid (Quartäre Ammonium-Verb.)
$\left[\begin{array}{c} N \diagup\!\!\diagdown \overset{+}{N} - CH_2CH_2 - O - CO - R \\ \diagdown\!\!\diagup H (NH) \\ R \end{array} \right]$	$CH_3 - COO^-$	Imidazolin-derivat
	$R = C_{12-20}$	
Amphotere Tenside		
$\begin{array}{c} R^2 \\ \| \\ R^1 - N^+ - CH_2 - COO^- \\ \| \\ R^3 \end{array}$	$R^1 = C_{12-16}$ $R^2, R^3 = C_1$	

Anionische Tenside

Die Anion-Tenside sind die verbreitetste Tensidgruppe unter den Waschmitteln für Textilien. In Abb. 23 wird der Anteil der Tensidgruppen in den Haushaltswasch- und Reinigungsmitteln der BR-Deutschland (also einschl. Spülmittel und Spezialreinigern) gezeigt. Halten wir uns noch einmal das Anforderungsprofil für Tenside vor Augen (Tabelle 11).

Alkylbenzolsulfonat (*LAS* = lineares Alkylbenzolsulfonat)

Das Arbeitspferd unter den Anion-Tensiden ist das Alkylbenzolsulfonat, welches in der BR-Deutschland großtechnisch mit etwa 120 000 t/Jahr hergestellt wird. Bis in die Mitte der 60iger Jahre stand das Tetrapropylen-benzolsulfonat im Vordergrund, es hat die Seife als waschaktive Substanz weitgehend verdrängt. Aufgrund der

Tabelle 11. Forderungen an Tenside

Spezifische Adsorption	Neutraler Geruch
Primärwaschwirkung	Geringe Eigenfarbe
Gute Reinigungswirkung	Geringe Härteempfindlichkeit
Gute Lagerstabilität	Dispergiereigenschaften
Gute technische Handhabbarkeit	Schmutztragevermögen
Humantoxikologische Unbedenklichkeit	Gute Löslichkeit
Günstiges Umweltverhalten	Netzwirkung
Gesicherte Rohstoffbasis	Günstige Schaumcharakteristik
	Wirtschaftlichkeit

Alle Forderungen werden sehr gut von den Anion-Tensiden erfüllt.

unzureichenden biologischen Abbaubarkeit wurde es durch das lineare und dadurch leicht abbaubare Alkylbenzolsulfonat (LAS) ersetzt. Das Wasch- und Schaumverhalten ist für alle Textilien gut. Das Schaumverhalten kann relativ leicht durch Seife gesteuert werden. Die Härteempfindlichkeit, die weit geringer als die der Seife ist, kann durch Builder aufgehoben werden.
Die Herstellung erfolgt, wie schematisch in Abb. 24 dargestellt, in drei Schritten:

1. Herstellung von Monochlorparaffin (für 2a) oder Olefin (für 2b) aus Paraffin mit Cl_2
2. Alkylierung von Benzol mit
   a) Monochlorparaffin und $AlCl_3$ oder
   b) Olefin und HF
3. Sulfonierung mit H_2SO_4 oder SO_3.

Durch Neutralisation mit NaOH erhält man dann das Na-Salz.
Die Alkylierung von Benzol mit Chlorparaffinen im Beisein von Aluminiumchlorid ist eine Friedel-Crafts-Reaktion. Moderner ist die Umsetzung von Benzol mit Olefinen in Anwesenheit von Fluorwasserstoff. Dazu benötigt man auch Monochlorparaffine, die an einem Eisenkontakt zu einem langkettigen Olefin umgesetzt und ohne weitere Trennung zur Alkylierung eingesetzt werden. Die Wirtschaftlichkeit dieses Verfahrens ist durch die relativ große Verwendung des HF-Katalysators nicht beeinträchtigt, da dieser durch Verdampfen zurückgewonnen und in die Reaktion rückgeführt werden kann. Nur der gelöste Rest des Fluorwasserstoffes muß durch Alkaliwäsche aus dem Alkylbenzol entfernt werden.

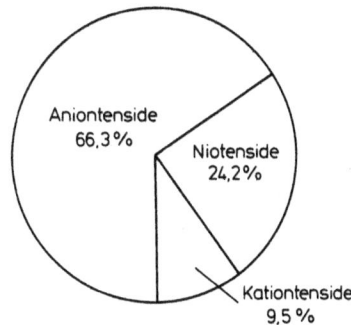

Abb. 23. Anteil der verschiedenen Tensid-Klassen in Wasch-, Spül- und Reinigungsmitteln in der BR-Deutschland 1979 (nach G. Jakobi u. a., Henkel u. Cie., „Waschmittelchemie")

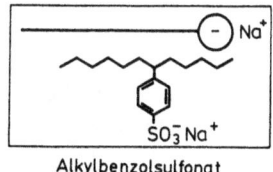

Alkylbenzolsulfonat

Abb. 24. Herstellung von Alkylbenzolsulfonsäure

Das heute am häufigsten verwendete Verfahren zur Sulfonierung des Alkylbenzols arbeitet mit Schwefeltrioxid, wobei man bei möglichst schneller Sulfonierung und niedriger Temperatur braune Endprodukte erhält. Nach der Sulfonierung wird mit Natronlauge neutralisiert, wobei zum Bleichen noch Chlor-Bleichlauge zugesetzt werden kann.

56 Waschmittel und ihre Inhaltsstoffe

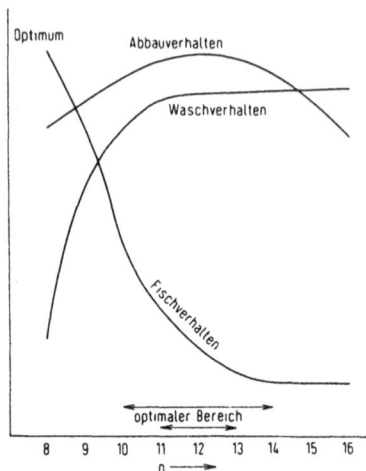

Abb. 25. Verhalten von n-Alkylbenzolsulfonaten nach Hirsch. n = Anzahl C-Atome in der Alkyl-Kette

Die Alkyl-Kettenlänge der für die Waschmittel verwendeten Alkylbenzolsulfonate liegt meist zwischen 10 und 13 C-Atomen. In diesem Bereich (Abb. 25) hat das Produkt sein Optimum im Waschverhalten und in der biologischen Abbaubarkeit. Bezüglich Fischtoxizität mußte man einen Kompromiß schließen.

Alkansulfonat (SAS = sek. Alkansulfonat)

Ein weiteres wichtiges anion-aktives Tensid ist das Alkansulfonat. Es wird nicht für Waschpulver, sondern für flüssige Einstellungen eingesetzt, da es sich schlechter versprühen läßt, aber schneller und besser löst als das LAS. Für die Herstellung von Alkansulfonaten gibt es mehrere Verfahren. Großtechnisch werden die Sulfochlorierung von Paraffinen und die Sulfoxidation durchgeführt. Bei der *Sulfochlorierung* läßt man Chlor und Schwefeldioxid unter Einwirkung von Licht mit Paraffinen reagieren. Es entsteht das Sulfonsäurechlorid, das mit Natronlauge zum Natriumsalz des Alkansulfonats unter Bildung von Kochsalz umgesetzt wird (Abb. 26).
Bei der *Sulfoxidation* läuft die Reaktion ebenso wie bei der Sulfochlorierung unter Einfluß von Licht und Schwefeldioxid ab. Anstelle von Chlor wird für die Initiierung der Reaktion Sauerstoff verwendet, den man mit Schwefeldioxid zusammen in die belichtete Zone des Paraffins leitet (Abb. 27). Beide Verfahren werden mit geringen

Die Tenside 57

Abb. 26. Sulfochlorierung

$$Cl_2 \xrightarrow{h\nu} Cl\cdot + Cl\cdot$$
$$\begin{array}{c}\longrightarrow RH + Cl \longrightarrow R\cdot + HCl \\ R\cdot + SO_2 \longrightarrow R-SO_2\cdot \\ R-SO_2\cdot + Cl_2 \longrightarrow R-SO_2-Cl + Cl\cdot\end{array}$$

$$R-SO_2\cdot + Cl\cdot \longrightarrow R-SO_2-Cl$$
$$R-SO_2-Cl + 2\,NaOH$$
$$\longrightarrow R-SO_3Na$$
$$-NaCl$$
$$-H_2O$$

Abb. 27. Sulfoxidation

$$RH + SO_2 + O_2 \xrightarrow{h\nu \text{ oder Perverb.}} R-SO_2-O-OH$$

$$R-SO_2-O-OH + SO_2 + H_2O \xrightarrow[-H_2SO_4]{} R-SO_3H$$

Umsätzen durchgeführt, um die Bildung von Di- und Polysulfonsäure weitestgehend zu vermeiden.

α-Olefinsulfonate (AOS = α-Olefinsulfonat)

Setzt man α-Olefine mit Schwefeltrioxid um, so erhält man Gemische aus Hydroxy-alkansulfonat und Alkensulfonat. Das Zwischenprodukt bildet dabei ein wasserunlösliches Sulfon, das durch Hydrolyse in die wasserlöslichen Sulfonsäuren überführt wird (Abb. 28). Obwohl die Herstellung der Olefinsulfonate inzwischen technische Reife erlangt hat, konnten die Produkte auf dem amerikanischen und europäischen Markt noch nicht richtig Fuß fassen, während sie in Japan gängige Produkte sind. Der Grund ist hauptsächlich die Angst vor den bei der Sulfonierung als Zwischenprodukt entstehenden Sultonen, die krebsverdächtig waren, was aber inzwischen als falsch bestätigt wurde.
Inzwischen hat Shell einen neuen Prozeß zur Herstellung von α-Olefinen entwickelt (SHOP-Prozeß). AOS ist im Gegensatz zu LAS

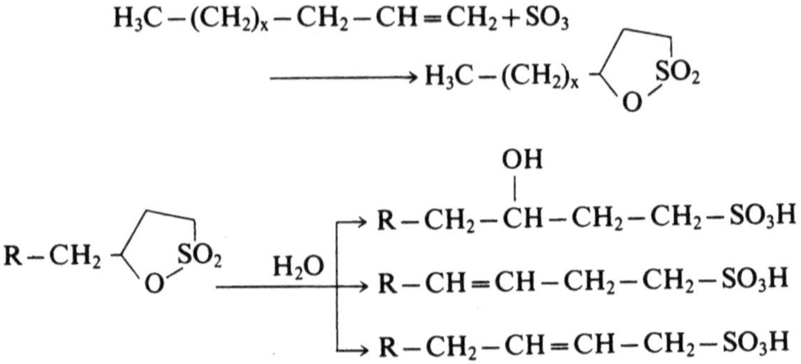

58 Waschmittel und ihre Inhaltsstoffe

$$H_3C-(CH_2)_x-CH_2-CH=CH_2 + SO_3$$

$$\longrightarrow H_3C-(CH_2)_x\begin{array}{c}\diagdown\\O\end{array}\!\!\!\!\!\!\diagup\!\!SO_2$$

$$R-CH_2\begin{array}{c}\diagdown\\O\end{array}\!\!\!\!\!\!\diagup\!\!SO_2 \xrightarrow{H_2O} \begin{array}{l} R-CH_2-\underset{\underset{OH}{|}}{CH}-CH_2-CH_2-SO_3H \\ R-CH=CH-CH_2-CH_2-SO_3H \\ R-CH_2-CH=CH-CH_2-SO_3H \end{array}$$

Abb. 28. Herstellung von α-Olefinsulfonaten

$$R^1 - CH_2 - COOR^2 + SO_3 \longrightarrow R^1 - \underset{\underset{SO_3H}{|}}{CH}-COOR^2$$

Abb. 29. Herstellung von α-Sulfofettsäureester

und SAS wenig härte-empfindlich; in Trommelwaschmaschinen erfordert es daher spezielle Schauminhibitoren.

α-Sulfofettsäureester (*SES* = sek. Fettsäureestersulfonat)

Diese für die Praxis interessante Tensid-Klasse zeichnet sich aus durch gute waschtechnische Eigenschaften, geringe Härte-Empfindlichkeit, sowie gutes Kalkseifen-Dispergiervermögen. Die Produkte sind bemerkenswert hydrolyse-beständig (Abb. 29). Die Disalze sind jedoch wenig löslich.

Fettalkoholsulfate (*FAS* = Fettalkoholsulfat)

Auch „Sulfate" finden bei Waschmitteln und Waschhilfsmitteln Verwendung. Man stellt sie durch Sulfatierung mit Schwefelsäure oder durch Sulfatierung von Fettalkoholen mit Chlorsulfonsäure her. Neuerdings sind die Sulfate als Zusatz zu Alkylbenzolsulfonaten wieder verstärkt im Einsatz, obwohl ihre Löslichkeit unbefriedigend ist. Sie waren das erste Tensid, das für Feinwaschmittel (FEWA) verwendet wurde, wurden dann aber durch andere Tenside ver-

Abb. 30.
Fettalkoholsulfat

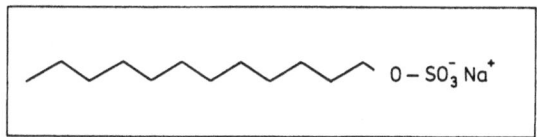

drängt. Sie sind gut schäumend und benötigen daher für Maschinenwaschmittel einen besonderen Schaumdämpfer (Abb. 30).

Carboxylate (Seifen)

Die Seife, das Na-Salz von Fettsäuren hat als Waschmittel ihre Bedeutung verloren. Früher wurden bis zu 40% Seife als einziges Tensid eingesetzt, heute kommt man mit einem weit geringeren Teil an hochwirksamen Tensid-Kombinationen aus. Ursache für die schwindende Bedeutung ist besonders ihre Härteempfindlichkeit. In Waschmitteln wird sie heute nur noch als Schaumregulator in Form von Behenaten oder Stearaten verwendet (Abb. 31).

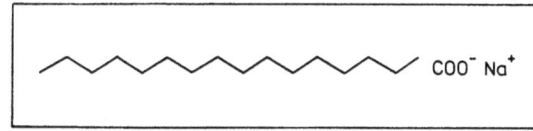

Abb. 31. Seife

Alkylether-Sulfate (FES = Fettalkoholethersulfat)

Aus den nachfolgend behandelten „Nonionics" lassen sich anionische Tenside vom Typ der FES herstellen, die gute Wasch- und Netzmittel sind, gut schäumen, aufgrund ihrer Oxethylat-Gruppe ein gutes Dispergiervermögen (besonders gegenüber Kalkseifen) besitzen und sich durch gute Hautverträglichkeit auszeichnen. Weiterhin ist die Löslichkeit und hohe Kältestabilität hervorzuheben, die diese Tensid-Klasse für flüssige Formulierungen prädestiniert.

FES sind sehr schaumintensive Verbindungen und daher nicht ohne Weiteres in Trommelwaschmaschinen verwendbar. Neben flüssigen Einstellungen für Spülmittel, kosmetische Reiniger usw. werden FES vorzugsweise für Fein- und Wollwaschmittel eingesetzt. Zur Herstel-

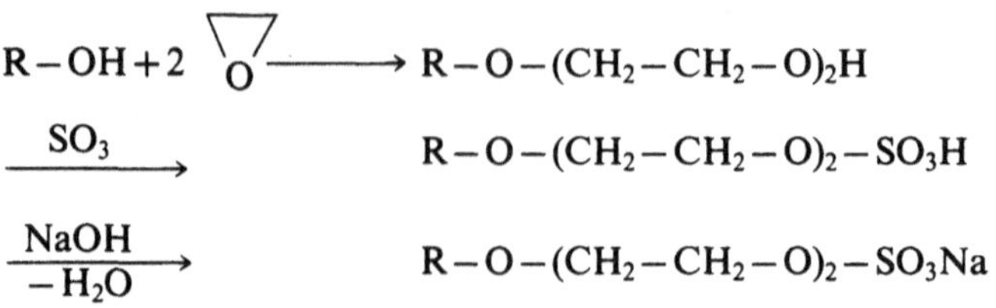

$$R-OH + 2 \underset{O}{\triangle} \longrightarrow R-O-(CH_2-CH_2-O)_2H$$

$$\xrightarrow{SO_3} R-O-(CH_2-CH_2-O)_2-SO_3H$$

$$\xrightarrow[-H_2O]{NaOH} R-O-(CH_2-CH_2-O)_2-SO_3Na$$

Abb. 32. Herstellung von Fettalkoholethersulfat

lung werden sowohl synthetische als auch natürliche C_{12-14}-Alkohole verwendet, die mit 2-4 Mol Ethylenoxid umgesetzt und dann sulfatiert werden (Abb. 32). Bei der im sauren Bereich stattfindenden Sulfatierung entstehen Spuren von Dioxan. Da Dioxan krebsauslösende Wirkung haben soll, muß bei der Herstellung von FES besonders darauf geachtet werden, daß die vom Gesetzgeber festgelegten Grenzen nicht überschritten werden.

Nichtionische Tenside (Niotenside)

„Niotenside" sind z. B. Additionsprodukte des Ethylenoxids und Propylenoxids mit langkettigen Verbindungen (Fettalkohole, Fettsäuren oder Alkylphenole). Ihre Bedeutung für Waschmittel und für Emulgatoren usw. beruht auf den sehr guten anwendungstechnischen Eigenschaften schon bei niedrigen Waschtemperaturen, besonders für Fettverschmutzungen und als Vergrauungsinhibitor bei Synthesefasern. Es besteht auch die Möglichkeit, durch optimale Hydrophilie/Hydrophobie-Einstellung maßgeschneiderte Tenside herzustellen. Der Anteil von Niotensiden nimmt seit Jahren zu. Die kontinuierliche, großtechnisch durchgeführte Herstellung läuft problemlos nach dem in Abb. 33 gezeigten Schema.
Polyglykolether sind Gemische mit verschieden langen Polyglykolether-Ketten, deren gewichtsmäßige Verteilung etwa einer Poisson-Verteilung entspricht (Abb. 34).
Die Alkyl-Polyglykolether auf Basis natürlicher oder synthetischer Fettalkohole sind praktisch in allen Waschmittelformulierungen in mehr oder weniger großer Menge vorhanden. Alkylphenol-Polyglykolether auf Basis Octyl-, Nonyl- oder Dodecylphenol haben zwar ausgezeichnete waschtechnische Eigenschaften, sind aber wegen der

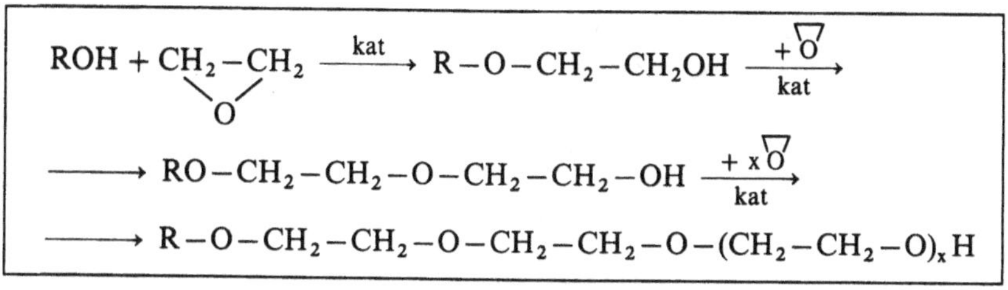

$$ROH + CH_2-CH_2 \xrightarrow{\text{kat}} R-O-CH_2-CH_2OH \xrightarrow[\text{kat}]{+O}$$
$$\longrightarrow RO-CH_2-CH_2-O-CH_2-CH_2-OH \xrightarrow[\text{kat}]{+xO}$$
$$\longrightarrow R-O-CH_2-CH_2-O-CH_2-CH_2-O-(CH_2-CH_2-O)_xH$$

Abb. 33. Entstehung von Polyglykoletherketten

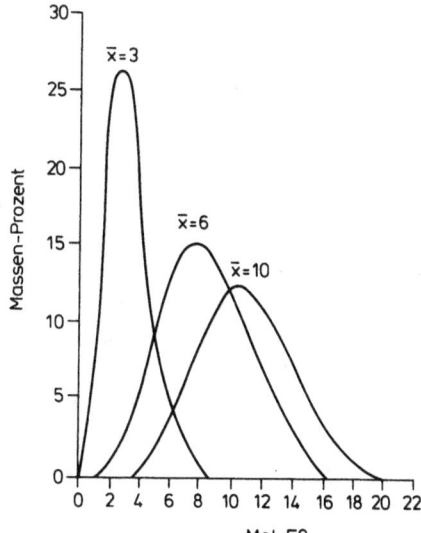

Abb. 34. Verteilungsspektren von Laurylalkoholoxethylaten mit mittleren Oxethylierungsgraden. $\bar{x} = 3, 6$ u. 10

langsamen biologischen Abbaubarkeit und der Bildung von Metaboliten in ihrer Bedeutung für den Haushaltsbereich rückläufig. Sie werden auf Grund eines freiwilligen Verzichts in Deutschland sowohl im Haushalt als auch in der Industrie nicht mehr eingesetzt.

Fettsäurealkylolamide

Fettsäurealkylolamide dienen vorwiegend als Schaumstabilisatoren in kosmetischen Reinigern. In Waschmitteln finden sie kaum Verwendung jedoch in Feinwaschmitteln. Ihre Herstellung wird in Abb. 35 gezeigt.

62 Waschmittel und ihre Inhaltsstoffe

$$R-COOH + H_2N-CH_2-CH_2-OH$$
$$\xrightarrow[-H_2O]{} R-CO-NH-CH_2-CH_2-OH$$

$$R-COOH + HN\begin{smallmatrix}CH_2-CH_2-OH\\CH_2-CH_2-OH\end{smallmatrix}$$

$$\xrightarrow[-H_2O]{} R-CO-N\begin{smallmatrix}CH_2-CH_2-OH\\CH_2-CH_2-OH\end{smallmatrix}$$

Abb. 35. Herstellung von Fettsäurealkylolamiden

Kationische Tenside

Bezüglich der Ladungsverhältnisse an Pigmentschmutz zeigen die kationaktiven Tenside infolge der positiven Ladung ein den Anion-Tensiden entgegengesetztes Verhalten. Erst bei höheren Konzentrationen werden Pigmente positiv umgeladen, womit wieder die notwendige gegenseitige Abstoßung eintritt. Kationische Tenside werden daher nicht zum Waschprozeß eingesetzt, sondern als Wäsche-Nachspülmittel, da sie der Wäsche einen flauschigen Griff geben. Langkettige Kation-Tenside haben ein ausgeprägtes Sorptionsvermögen. Sie werden als Antistatika, Korrosionsinhibitoren, Desinfektionsmittel sowie medizinische Seifen verwendet. Hergestellt werden sie durch Quaternierung von tertiären Aminen, die meist ein bis zwei lange Alkylketten mit mehr als 12–14 C-Atomen am Stickstoff tragen. Die übrigen Alkylgruppen am Stickstoff sind meist Methyl- oder Ethyl-Gruppen (Abb. 36).

Infolge ihres nachteiligen Umweltverhaltens nimmt man heute diese quartären Ammoniumverbindungen aus den Rezepturen für Wäscheweichmacher heraus und ersetzt sie durch die nichtquartären Imidazoline mit nachfolgender Formel (Abb. 37).

Die Kettenlänge des Fettsäure- bzw. Fettsäureamid-Rests beträgt 1–20 C-Atome; der am Imidazolinring stehende Alkylrest hat meist

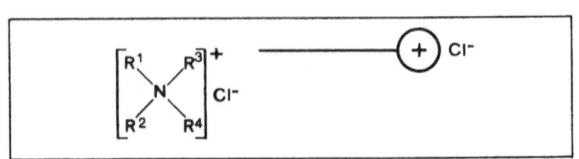

Abb. 36

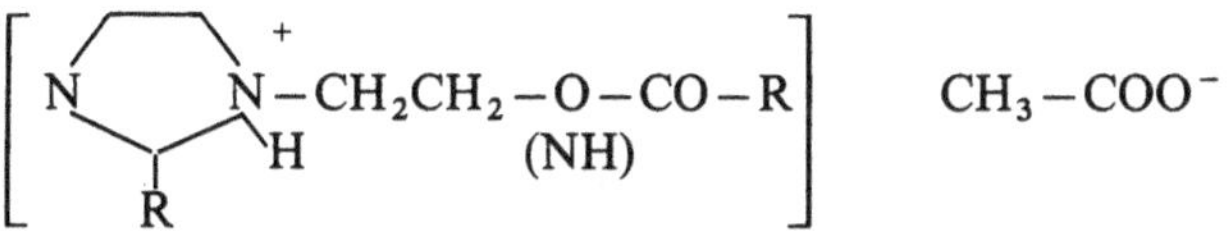

$$\left[\underset{R}{\underset{|}{N}} \underset{H}{\overset{+}{N}} - CH_2CH_2 - O - CO - R \atop (NH) \right] \quad CH_3 - COO^-$$

Abb. 37. Imidazoliniumsalz

eine Länge von 12–20 C-Atomen. Inzwischen existieren Patentanmeldungen von Verbindungen ähnlicher Struktur.

Amphotere Tenside

„Amphotenside" sind Verbindungen, in denen im gleichen Molekül anion- und kationaktive Gruppen enthalten sind. Alkylbetaine und Alkylsulfobetaine sind typische Vertreter: Von Bedeutung sind sie, trotz sehr guter waschtechnischer Eigenschaften und einer ausgezeichneten Hautverträglichkeit, nur für Spezialwaschmittel und kosmetische Reiniger.
Sekundäre und tertiäre Amine mit Carboxyl-Gruppen können je nach pH-Wert als anionische oder kationische Tenside vorliegen (Abb. 38).

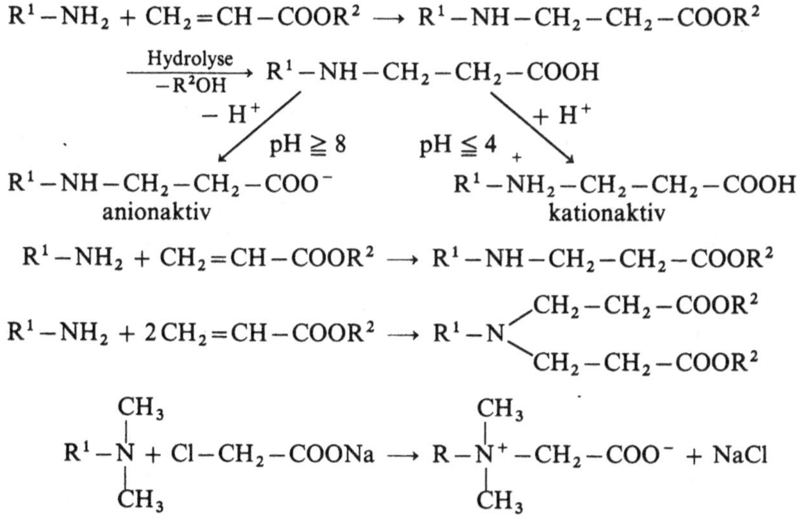

$$R^1-NH_2 + CH_2=CH-COOR^2 \longrightarrow R^1-NH-CH_2-CH_2-COOR^2$$

$$\xrightarrow[-R^2OH]{\text{Hydrolyse}} R^1-NH-CH_2-CH_2-COOH$$

$$\underset{\substack{R^1-NH-CH_2-CH_2-COO^- \\ \text{anionaktiv}}}{\overset{-H^+ \swarrow pH \geq 8}{}} \qquad \underset{\substack{R^1-NH_2-CH_2-CH_2-COOH \\ \text{kationaktiv}}}{\overset{pH \leq 4 \searrow +H^+}{}}$$

$$R^1-NH_2 + CH_2=CH-COOR^2 \longrightarrow R^1-NH-CH_2-CH_2-COOR^2$$

$$R^1-NH_2 + 2\,CH_2=CH-COOR^2 \longrightarrow R^1-N\underset{CH_2-CH_2-COOR^2}{\overset{CH_2-CH_2-COOR^2}{\diagup}}$$

$$R^1-\underset{CH_3}{\overset{CH_3}{\underset{|}{\overset{|}{N}}}} + Cl-CH_2-COONa \longrightarrow R-\underset{CH_3}{\overset{CH_3}{\underset{|}{\overset{|}{N^+}}}}-CH_2-COO^- + NaCl$$

Abb. 38. Herstellung amphoterer Tenside

Die Gerüstsubstanzen

Die Waschmittel-Gerüstsubstanzen (Builder), die am Waschprozeß einen wesentlichen Anteil hatten, waren früher ausschließlich die Polymerphosphate (Na-Triphosphat). Es war ihr Komplexbildevermögen für die aus dem Schmutz und dem Wasser stammenden Härtebildner und Schwermetall-Ionen, das sie wertvoll machte. Hierzu kam die Unterstützung und Komplettierung der Tensid-Wirkung. Die von einem Builder gewünschten Eigenschaften sind zusammengefaßt:

- Die Eliminierung der Erdalkali- und Schwermetall-Ionen,
- spezifische Wasch- und Dispergierwirkung gegenüber Pigmentschmutz und Fetten,
- gutes Schmutz-Tragevermögen,
- korrosionsinhibierende Wirkung,
- humantoxikologische Unbedenklichkeit,
- keine negativen Einwirkungen auf das Ökosystem.

In Tabelle 12 ist das Calcium-Bindevermögen einiger Komplexbildner in Abhängigkeit von der Temperatur aufgeführt.

Bis 1981 enthielten qualitativ hochwertige Waschmittel bis 40 % Triphosphat. Da Phosphate zu einer „Überdüngung" von Gewässern und in der Folge zu übermäßigem Algenwachstum und der Schädigung von Wasserorganismen führten (Sauerstoff-Mangel der Gewässer beim Abbau der Algen), wurde weltweit nach Ersatzstoffen gesucht. Die Forschungen wurden bald auch auf die Gruppe der Ionenaustauscher ausgedehnt. Es hat sich aber gezeigt, daß nur wenige Ionenaustauscher technisch in großen Mengen verfügbar sind und den umweltrelevanten Anforderungen entsprechen. Auch sind ihre Herstellungskosten kaum zu übersehen. Doch endlich führten die Entwicklungsarbeiten auf dem Gebiet der Natrium-Aluminium-Silicate zum Erfolg! Als besonders brauchbar und ökonomisch interessant erwies sich eine spezielle Modifikation, der „Zeolith 4 A"-Typ. Dieses Produkt ist derzeitig unter dem Handelsnamen SASIL = Sodium-*A*luminium-*Sil*icat auf dem Markt (Abb. 39). Das Ionenaustauschverhalten dieser Produkte ist von der Ionengröße und dem Hydratationszustand abhängig. Neben den Erdalkali-Ionen werden auch eine Reihe Schwermetall-Ionen ausgetauscht. Es erwies sich als vorteilhaft, Kombinationen von Natrium-Aluminium-Silicat mit wasserlöslichen Komplexbildnern, z. B. Triphosphat, zu

Tabelle 12. Calcium-Bindevermögen ausgewählter Komplexbildner (nach G. Jakobi u. a., Ullmanns Encyklopädie der technischen Chemie, 4. Auflage, Band 24)

Formel	Chemische Bezeichnung	Ca-Bindevermögen (in mg CaO/g)	
		20 °C	90 °C
$NaO-\overset{O}{\underset{ONa}{\overset{\|}{P}}}-O-\overset{O}{\underset{ONa}{\overset{\|}{P}}}-ONa$	Natriumdiphosphat	114	28
$NaO-\overset{O}{\underset{ONa}{\overset{\|}{P}}}-O-\overset{O}{\underset{ONa}{\overset{\|}{P}}}-O-\overset{O}{\underset{ONa}{\overset{\|}{P}}}-ONa$	Natriumtriphosphat	158	113
$HO-\overset{O}{\underset{OH}{\overset{\|}{P}}}-\overset{OH}{\underset{CH_3}{\overset{\|}{C}}}-\overset{O}{\underset{OH}{\overset{\|}{P}}}-OH$	1-Hydroxyäthan-1,1-diphosphonsäure	394	378
$N\begin{cases}CH_2-PO_3H_2\\CH_2-PO_3H_2\\CH_2-PO_3H_2\end{cases}$	Aminotri(methylenphosphonsäure)	224	224
$N\begin{cases}CH_2-COOH\\CH_2-COOH\\CH_2-COOH\end{cases}$	Nitrilotriessigsäure	285	202
$N\begin{cases}CH_2-COOH\\CH_2-COOH\\CH_2-CH_2-OH\end{cases}$	N-(2-Hydroxyäthyl)-iminodiessigsäure)	145	91
$\begin{matrix}HOOC-H_2C\\HOOC-H_2C\end{matrix}\!\!>\!N-(CH_2)_2-N\!<\!\!\begin{matrix}CH_2-COOH\\CH_2-COOH\end{matrix}$	Ethylendiamintetraessigsäure	219	154
$\underset{H\;\;H}{\overset{HOOC\;H\;\;H\;COOH}{\underset{HOOC\;\;\;\;\;\;\;\;\;\;COOH}{\bigcirc}}}$	1,2,3,4-Cyclopentantetracarbonsäure	280	235

Tabelle 12 (Fortsetzung)

Formel	Chemische Bezeichnung	Ca-Bindevermögen (in mg CaO/g)	
		20 °C	90 °C
CH$_2$—C—CH$_2$ | / \\ | COOH HO COOH COOH	Citronensäure	195	30
COOH | CH–O–CH$_2$–COOH | COOH	O-(Carboxymethyl)-tartronsäure	247	123

HOOC–CH$_2$–CH–COOH
               |
              O–CH$_2$–COOH
	O-(Carboxymethyl)-äpfelsäure	368	54

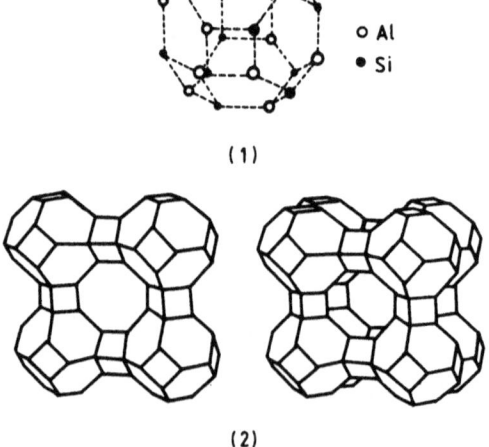

Abb. 39. Zeolith Typ A. Empirische Formel Na$_2$O · Al$_2$O$_3$ · SiO$_2$ · 4,5 H$_2$O. Die Summenformel der Einheitszelle (1) ist Na$_{12}$[(AlO$_2$)$_{12}$ · (SiO$_2$)$_{12}$] · 27 H$_2$O mit einer Porenöffnung von 2,2 Å. Die Si- und Al-Atome sind jeweils über ein O-Atom gebunden. Auf jedem Al-Atom befindet sich noch ein viertes O-Atom, das die negative Ladung trägt. Lagern sich die Einheitszellen mit den quadratischen Flächen über O-Atome aneinander, so kommt man zum Typ A (2) dessen Porenöffnung 4,3 Å beträgt

verwenden. Inzwischen wurde das Triphosphat vollständig aus den Waschmitteln herausgenommen und durch Zeolith und Polycarboxylate ersetzt. In Abb. 40 ist die Wirkungsweise eines Komplexbildners der eines Ionenaustauschers am Beispiel der zweiwertigen Calcium-Ionen gegenübergestellt.

Ca^{2+}-Bindung durch Chelatisierung (Natriumtriphosphat):

Ca^{2+}-Bindung durch Ionenaustausch (Zeolith 4 A):

$Ca^{2\oplus}$-Bindung durch Chelatisierung (Natriumtriphosphat):

$$\begin{bmatrix} O\diagdown\underset{O}{\underset{|}{P}}\diagup O\diagdown\underset{O}{\underset{|}{\overset{\|}{P}}}\diagup O\diagdown\underset{O}{\underset{|}{\overset{\|}{P}}}\diagup O \end{bmatrix}^{5\ominus} \xrightarrow{Ca^{2\oplus} \atop 5\,Na^{\oplus}} \begin{bmatrix} O\diagdown\underset{O}{\underset{|}{\overset{\|}{P}}}\diagup O\diagdown\underset{O}{\underset{|}{\overset{\|}{P}}}\diagup O\diagdown\underset{O}{\underset{|}{\overset{\|}{P}}}\diagup O \\ \diagdown_{Ca}\diagup \end{bmatrix}^{3\ominus} 3\,Na^{\oplus}$$

$Ca^{2\oplus}$-Bindung durch Ionenaustausch (Zeolith 4 A):

$$\begin{bmatrix} -O-\underset{O}{\underset{|}{Si}}-O-\underset{O\;2Na^{\oplus}\;O}{\underset{|}{Al^{\ominus}}}-O- \\ -O-\underset{O}{\underset{|}{Al^{\ominus}}}-O-\underset{O}{\underset{|}{Si}}-O- \end{bmatrix} \xrightarrow{Ca^{2\oplus}} \begin{bmatrix} -O-\underset{O}{\underset{|}{Si}}-O-\underset{O\;Ca^{2\oplus}\;O}{\underset{|}{Al^{\ominus}}}-O- \\ -O-\underset{O}{\underset{|}{Al^{\ominus}}}-O-\underset{O}{\underset{|}{Si}}-O- \end{bmatrix} +2Na^{\oplus}$$

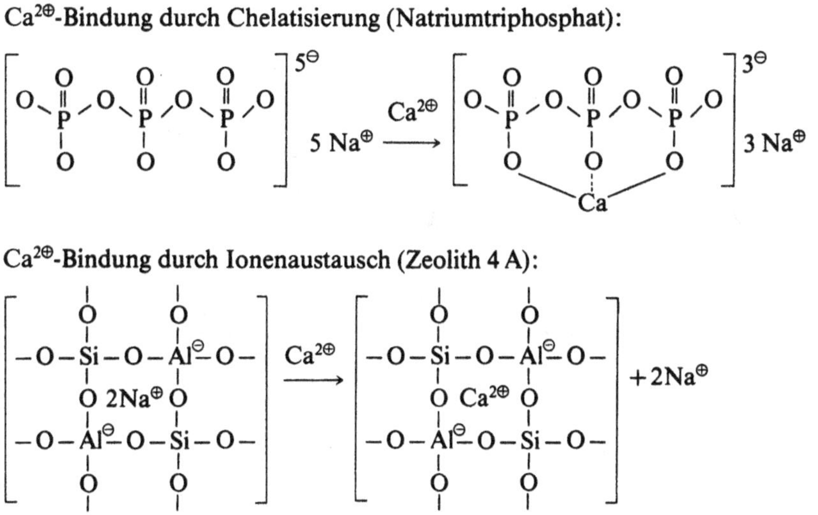

Abb. 40. Ca^{2+}-Bindung durch Ionenaustauscher im Vergleich zur Chelatisierung

Die Bleichmittel

Der Ausdruck „Bleiche" wird als Farbveränderung eines Körpers nach einer helleren Farbe hin definiert. Physikalisch ausgedrückt ist sie die Erhöhung der Remission des sichtbaren Lichtes zu Lasten der Adsorption. Beim Waschprozeß laufen mehrere Bleichwege mit

$NaBO_3 \times 4H_2O \longrightarrow Na^+ + BO_2^- + H_2O_2 + 3H_2O$

$H_2O_2 \underset{}{\overset{pH > 7}{\rightleftarrows}} H^+ + HOO^-$

$HOO^- \longrightarrow OH^- + [O]$

$2[O] \longrightarrow O_2$ Abb. 41

unterschiedlicher Intensität nebeneinander ab. Schon die verschiedenen Arten der farbigen Anschmutzungen sind ein Grund hierfür. Einmal werden die gefärbten Pigmente, Faservergilbungen und Ölanschmutzungen durch Waschen entfernt; was durch die Tenside und Alkalien nicht ausgewaschen werden konnte, nimmt dann die chemische Bleiche weg. Man benutzt eine „oxidative Bleiche", da eine „reduktive Bleiche" keinen bleibenden Effekt ergeben könnte. Der Bleich-Effekt hängt ab von der Konzentration des Bleichmittels, der Verweilzeit im Waschprozeß, der Temperatur, der Faserart und der Art des Schmutzes. Als oxidierende Bleiche im Wasch- und Spülprozeß werden die Peroxid-Bleiche und die Hypochlorit-Bleiche benutzt. Die am häufigsten vorhandenen bleichbaren Anschmutzungen sind rote und blaue Anthocyan-Farbstoffe des Obstes, Curcuma-Farbstoffe aus Curry und Senf, braune Gerbstoffe von Tee, Rotwein und Obst sowie Huminsäuren von Kaffee, Tee und Kakao. Dazu kommen carotinoide Farbstoffe aus Möhren und Tomaten, das grüne Chlorophyll und viele andere mehr.

Bei der Peroxid-Bleiche entsteht aus Peroxiden wie Natriumperborat bzw. Peroxohydraten wie Natriumpercarbonat (Perphosphate und Percarbamide haben bei uns keine Bedeutung erlangt) im alkalischen Medium des Waschprozesses als aktives Zwischenprodukt das Perhydroxyl-Anion nach der Gleichung in Abb. 41.

Perborat wird meist als Natriumperborat-tetrahydrat also mit der genauen chemischen Bezeichnung Dinatrium-diperoxo-tetrahydroxo-diborat-hexahydrat verwendet (Abb. 42).

Die Lagereigenschaften und Stabilität des Perborats im Waschpulver sind sehr gut; für flüssige Waschmittel ist es hingegen nicht geeignet, da es in wäßriger Lösung nicht stabil ist. Die Bleichwirkung steigt mit pH-Wert und Temperatur; es ist also für Kochwaschmittel (95 °C Waschtemperatur) sehr gut geeignet. Die 60°-Wäsche oder das Waschen bei noch tieferen Temperaturen verlangen dagegen Aktivatoren.

Natriumperporat Tetrahydrat $NaBO_3 \cdot 4H_2O$
Strukturanalysen ergaben, daß hier ein echtes Peroxoborat-Anion vorliegt und keine Anlagerungsverbindung von H_2O_2 an Natriummetaborat.

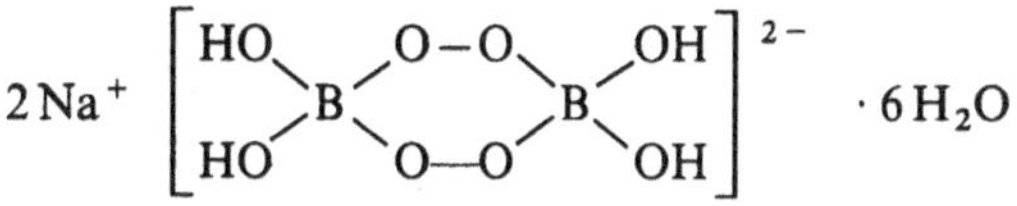

$$2\,Na^+ \left[\begin{array}{c} HO \\ \diagdown \\ HO \end{array} B \begin{array}{c} O-O \\ \diagup \quad \diagdown \\ O-O \end{array} B \begin{array}{c} OH \\ \diagup \\ OH \end{array} \right]^{2-} \cdot 6\,H_2O$$

Tetrahydrat hat einen theoretischen Gehalt an aktivem Sauerstoff von 10,40 %. Durch Entwässern wird aus Tetrahydrat das

Natriumperporat Monohydrat $NaBO_3 \cdot H_2O$
mit einem theoretischen Gehalt an aktivem Sauerstoff von 16,03 %.

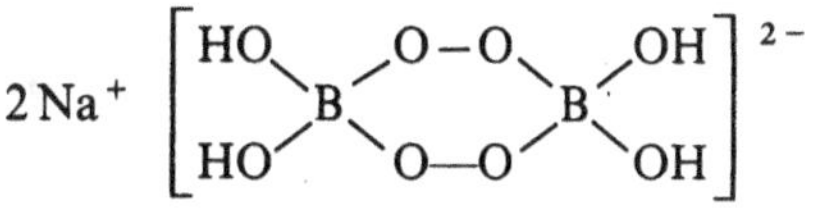

$$2\,Na^+ \left[\begin{array}{c} HO \\ \diagdown \\ HO \end{array} B \begin{array}{c} O-O \\ \diagup \quad \diagdown \\ O-O \end{array} B \begin{array}{c} OH \\ \diagup \\ OH \end{array} \right]^{2-}$$

Abb. 42. Strukturformeln des Natrium-Perborats

Natriumhypochlorit erweist sich gegenüber Perborat als weniger gut verwendbar, da es als Flüssigkeit eingesetzt werden müßte und in Pulver nicht inkorporiert werden kann; leichte Überdosierung führt bereits zu merklichen Wäscheschäden. Die Lagerstabilität ist auch nur begrenzt. Einige Textilfärbungen sind überdies nicht genügend chlorstabil. Ein Vorteil der Hypochlorit-Bleiche ist die Temperatur-Unabhängigkeit und hohe Bleichwirkung; in der gewerblichen Wäscherei wird sie deshalb unter genau kontrollierten Bedingungen verwendet. Jedoch können Abwasserprobleme auftreten, sodaß diese Art der Bleiche gewissen Beschränkungen unterliegt.

Die Hilfsstoffe

Bleich-Aktivatoren

Um unterhalb 60 °C eine gute Bleichwirkung zu erhalten, werden dem Waschpulver häufig Aktivatoren zugesetzt. Es handelt sich hierbei um Acylierungsmittel, die bereits bei niedrigen Temperaturen mit Perborat Persäuren bilden und deren hohes Oxidationspotential schon bei tieferen Temperaturen eine gute Bleiche bewirkt. Der bekannteste Aktivator ist das *T*etra*a*cetyl-*e*thylen*d*iamin (TAED) (Abb. 43).

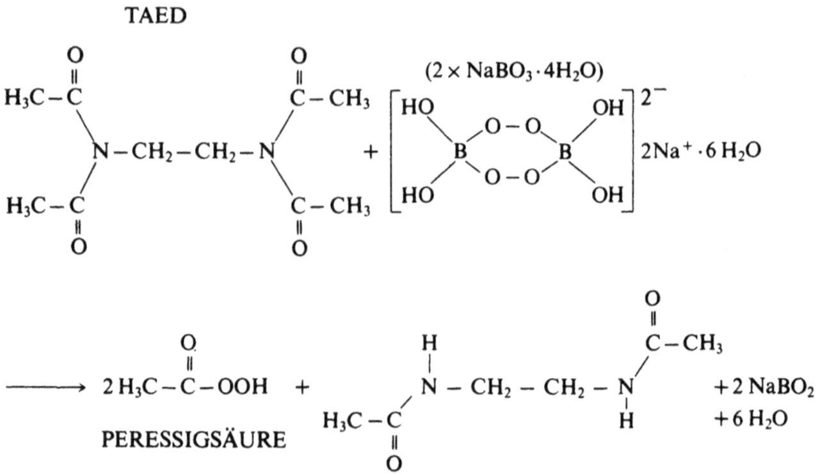

Waschmittel und ihre Inhaltsstoffe

TAED

$$H_3C-\underset{\underset{O}{\|}}{C}\diagdown_{N-CH_2-CH_2-N}\diagup\underset{\underset{O}{\|}}{\overset{\overset{O}{\|}}{C}}-CH_3 + \begin{bmatrix} HO\diagdown_{B}\diagup^{O-O}\diagdown_{B}\diagup OH \\ HO\diagup \quad O-O \quad \diagdown OH \end{bmatrix}^{2-} \quad 2Na^+ \cdot 6H_2O$$

$$(2 \times NaBO_3 \cdot 4H_2O)$$

$$\longrightarrow 2\,H_3C-\underset{\underset{O}{\|}}{C}-OOH + \underset{H_3C-\underset{\underset{O}{\|}}{C}}{\overset{H}{\underset{|}{N}}}-CH_2-CH_2-\underset{H}{\overset{\overset{O}{\|}}{\underset{|}{N}}}\diagup^{C-CH_3} + 2\,NaBO_2 + 6\,H_2O$$

PERESSIGSÄURE

Abb. 43. Reaktionsschema TAED + Natriumperborat. TAED reagiert stöchiometrisch mit Perborat, bezogen auf 2 Acetylgruppen. Theoretisch sind also für 100 Teile Perborat 75 Teile TAED erforderlich

Abbildung 44 veranschaulicht den Bleicheffekt von Perborat und TAED in Abhängigkeit von der Temperatur. Spuren von Cu-, Mn- und Eisen-Ionen bewirken katalytisch eine Zersetzung des Perborats und damit eine ungesteuerte Freisetzung von Sauerstoff. Dies kann sowohl eine Entwicklung von molekularem Sauerstoff O_2 (bleichtechnisch wirkungslos) zur Folge haben als auch eine zu starke oxidative lokale Einwirkung (Faserschädigung!).

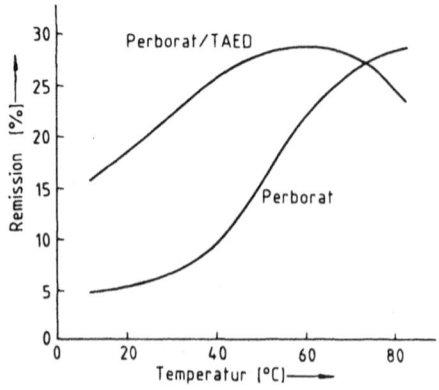

Abb. 44. Bleicheffekt in Abhängigkeit von der Temperatur. 50 ppm Aktivsauerstoff

Um das zu vermeiden, wurden dem Waschpulver Mg-Silicat oder Komplexbildner wie Ethylen-diamintetraessigsäure (EDTA) als Bleichstabilisatoren zugesetzt. Inzwischen ist EDTA aus den Waschmitteln völlig verschwunden. Heute verwendet man stattdessen Phosphonate (s. Tab. 12). Die heutigen Kompaktwaschmittel enthalten Natriumperborat Monohydrat und viel TAED.

Enzyme

Hartnäckige Eiweiß-Verschmutzungen wie Milch, Eigelb, Blut oder Kakao werden durch proteolytische (eiweiß-spaltende) Enzyme entfernt. Die Wirkung beruht auf enzymatischer Hydrolyse von Peptid- und Esterbindungen. In neuerer Zeit werden für stärkehaltige Verschmutzungen auch Amylasen eingesetzt. Heute enthalten praktisch alle Waschmittel Enzyme. Eine geschichtliche Übersicht gibt Tabelle 13.

Vergrauungs-Inhibitoren

Trotz der ausgewogenen, optimalen Eigenschaften unserer heutigen Waschmittelrezepturen kann feindisperser Schmutz aus der Waschflotte auf die Faser zurückfallen und eine Vergrauung verursachen. Das kann durch Zugabe von Vergrauungs-Inhibitoren, meist Carboxymethyl-Cellulose bzw. entsprechenden Stärke-Derivaten verhindert werden. Die Substanzen ziehen irreversibel sowohl auf die Textilfaser als auch auf die Schmutzteilchen auf und erschweren damit eine Annäherung von Faser und Schmutz.

Schaumregulatoren

Die Schaumregulierung durch höhermolekulare Seifen mit Ketten von 12 bis 22 Kohlenstofatomen wurde bereits berichtet. Auch schaumstabilisierende Tenside für die Kosmetik und Spülmittel vom Typ der Fettsäure-Alkylolamide wurden erwähnt. Es hat nicht an Versuchen gefehlt, spezielle chemische Verbindungen für die Schaumregulierung zu finden, so werden heute z. B. Schaumregulatoren auf Basis Siliconöl oder Paraffin eingesetzt.

Tabelle 13. Geschichtlicher Überblick über Herstellung und Verwendung von „Waschmittelenzymen" (nach M. Berg u. a., Henkel u. Cie., „Waschmittelchemie")

	Enzyme	Enzymhaltige Waschmittel
1913	Otto Röhm beansprucht tryptische Enzyme (Pankreas-Extrakte) für den Einsatz in Waschmitteln	Waschmittel mit Pankreas-Enzymen (Röhm & Haas)
ab 1967		Optimierte Waschmittel mit Pankreas-Enyzmen
1960	Alcalase mikrobielle Protease der Novo Industri, Kopenhagen, im techn. Maßstab verfügbar	
ab 1960	weitere Hersteller folgen: Maxatase der Gist en Spiritusfabrieken N. V., Delft Nagase der Nagase Co Monlase 110 der Monsanto Esperase der Novo u. a.	Erstes Handelsprodukt mit mikrobiellen Proteasen (Einweich und Vorwaschmittel)
1968		Erstes Vollwaschmittel mit mikrobiellen Proteasen der Firma Henkel
1969	Weitere mikrobielle Enzyme (Amylasen, Lipasen, Pektinasen, Nucleasen, Oxidoreduktasen etc.) werden für den Einsatz in Waschmitteln beansprucht	80% aller Waschmittel in der BRD enthalten mikrobielle Proteasen
1970		Einsatz mikrobieller Proteasen stark rückläufig wegen öffentlicher Kritik („Allergie-Diskussion")
1972		das Bundesgesundheitsamt erklärt Proteasen in Waschmitteln als unbedenklich
1975		Marktanteil enzymhaltiger Waschmittel stabilisiert sich bei 80%
1980	Lipasen, Cellulase	

Optische Aufheller

Das „strahlende Weiß" sauber gewaschener Wäsche ist gelbnuanciert. Aus dem auffallenden weißen Licht wird nämlich ein Teil der blauen Strahlung absorbiert, so daß ein Mangel an Blau-Anteilen entsteht. Die Hausfrauen haben deshalb bereits seit vielen Jahrzehnten versucht, durch Zugabe von etwas blauem Farbstoff (Wäscheblau, Ultramarinblau) die gelbe Farbnuance in ein blaunuanciertes Weiß umzutönen. Das Auge erfaßt blaue Farbnuancen wesentlich intensiver. Anstelle von Wäscheblau werden heute optische Aufheller, sogenannte „Weißtöner", den Waschmitteln zugesetzt. Das sind organische Substanzen, meist Stilben- oder Triazol-Derivate, die einen Teil des im Tageslicht enthaltenen unsichtbaren ultravioletten Lichts in langwelliges blaues Licht umwandeln. Die Emissionsstrahlung des optischen Aufhellers mischt dem von der Wäsche reflektierten Licht das fehlende Blau additiv hinzu, so daß sich ein höherer „Weißgrad" ergibt.

Ein direkter Vergleich zwischen dem Wäscheblau und den optischen Aufhellern ist nicht möglich: Bei Wäscheblau wird durch den blauen Farbstoff gelbes Licht substraktiv absorbiert, was eine Helligkeitsminderung verursacht; der optische Aufheller addiert blaues Licht. Optische Aufheller sind heute in fast allen Waschmitteln enthalten. Dermatologische Untersuchungen bewiesen, daß die optischen Aufheller ungefährlich sind. Spezielle Handelsprodukte für Baumwolle, Polyamid und Polyester wurden entwickelt und eine weitgehende Beständigkeit im Waschbad ist garantiert.

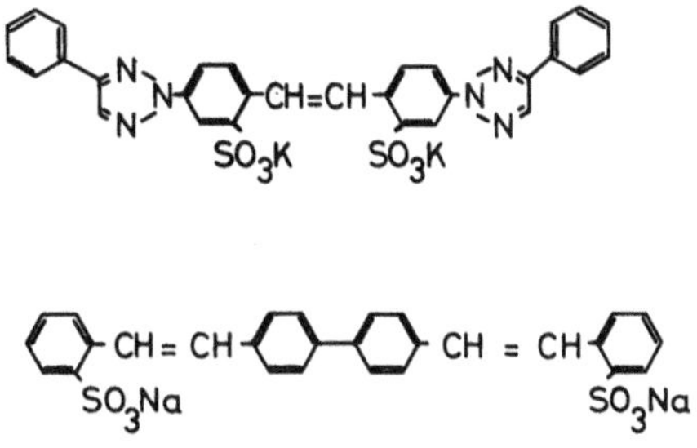

Abb. 45. Beispiele für optische Aufheller der Firma Bayer, Leverkusen und Ciba-Geigy, Basel

Parfüm

Die Duftstoffe wie auch eine eventuelle Farbe des Waschmittels sind als modisches Attribut einzustufen. Duftstoffe sollen den unangenehmen Waschlaugen-Geruch überdecken. Dies ist wichtig, da ja heute oft das Wäschewaschen in Küche und Bad vorgenommen wird. Auch soll der Duftstoff der gewaschenen Wäsche einen angenehmen und frischen Duft verleihen.

Korrosions-Inhibitoren

Zahlreiche Tenside fördern in Wasser die Korrosion von Metallen besonders von Eisen. Nichtionische Tenside verursachen eine geringere Korrosion als anionaktive Tenside. Man versucht durch Zusatz von Silicaten, wie Wasserglas, den Metallangriff zu verringern. Korrosions-Inhibitoren in Form von Mg-Silicat sollen sich in feiner Schicht auf den Metalloberflächen der Waschmaschinen ablagern und eine Inertschicht bilden, um so z. B. Aluminium vor den Angriffen der Hydroxyl-Ionen zu schützen. Obwohl in den heutigen Waschmaschinen die Trommel und Laugenbehälter schon oft aus Edelstahl oder waschlaugenbeständigem Email hergestellt sind, ist für ältere Modelle eine Korrosionsinhibierung notwendig. Echte Rostschutzeigenschaften haben die Fettsäurealkylolamide und die kationischen Fettaminsalze. Solche Produkte sind aber in Waschmitteln nicht enthalten. Man findet sie vielmehr in den Reinigungsmitteln und auch in den kosmetischen Reinigern, wo sie noch andere Aufgaben zu erfüllen haben.

Haushaltswaschmittel

Pulverförmige Universalwaschmittel

Kochwaschmittel stehen in der Entwicklungsreihe der Waschmittel an oberster Stelle. Für die Haushaltswäsche aus Baumwolle und Leinen waren sie in einer Zeit des Überflusses und der manchmal überspitzten Forderungen an das Waschergebnis das letzte Glied der steten Verbesserungen: Kein Einweichen (oder Reinweichen!), schonende Entfernung quasi aller Verunreinigungen in relativ kurzer Zeit, dazu noch vergleichsweise preiswert. Kochwaschmittel wurden auch Vollwaschmittel genannt, denn sie enthielten alle für den Waschprozeß notwendigen Komponenten. Nach dem Siegeszug der Chemiefasern in die Ober- und Unterbekleidung sowie Haushaltswäsche wurden an das Waschmittel andere Forderungen gestellt. Um permanente Knitter zu vermeiden, mußte die Waschtemperatur heruntergesetzt werden, die Bunt- oder Feinwaschmittel wurden optimiert, im Rahmen der Energieeinsparung die 60°-Wäsche empfohlen.

Ein pulverförmiges Kochwaschmittel soll bei Kochtemperatur bzw. 95 °C seine optimale Waschkraft entwickeln. Es ist zusammengesetzt aus den oben genannten vier Hauptgruppen: den waschaktiven Substanzen (Tensiden), den Gerüstsubstanzen, den Bleichmitteln und den Hilfsstoffen. Als Waschrohstoff ist in einem Kochwaschmittel fast ausschließlich eine Kombination aus Alkylbenzolsulfonat und Fettalkohol-Polyglykolether (und in manchen noch Seife) enthalten. Das Alkylbenzolsulfonat löst den Schmutz von der Wäsche, der Fettalkohol-Polyglykolether unterstützt diese Wirkung und emulgiert den Schmutz in der Flotte. Ein Zusatz von Seife reguliert die Schaumentwicklung. Inzwischen gibt es dafür auch andere Schaumdämpfer.

Ein Kochwaschmittel, das vor allem zum Reinigen von Baumwollgeweben und Leinen im Haushalt eingesetzt wird, enthielt meist Pentanatrium-Triphosphat. Diese Gerüstsubstanz ergab im Zusammenwirken mit Alkylbenzolsulfonat eine zusätzliche Waschwirkung, einen synergistischen Effekt. Triphosphat verbesserte aber nicht nur durch den synergistischen Effekt die Waschwirkung der Tenside, es hatte auch die Aufgabe,

- das Waschwasser zu enthärten,
- aus dem Schmutz die Erdalkalimetalle zu komplexieren,
- den Schmutz in der Waschlauge zu dispergieren,
- eine gewisse Alkalität zu erzeugen,
- das Micell-Bildungsvermögen zu erhöhen,
- eine Pufferwirkung zu gewährleisten und
- als Elektrolyt zu wirken.

Um eine Überdüngung der Gewässer (Eutrophierung) zu verhindern, hat der Gesetzgeber in zwei Stufen eine Reduzierung des Phosphat-Gehaltes in Waschmitteln angeordnet. Um der Phosphat-Höchstmengenverordnung zu genügen, wurde ein Teil des Triphosphats (etwa die Hälfte der üblichen Einsatzmenge) durch Ionenaustauscher vom Typ Zeolith 4 A ersetzt. Ab etwa 1990 wurde in Deutschland nahezu vollständig auf die Verwendung von Phosphat verzichtet. Weiterhin darf Nitrilo-Triessigsäure versuchsweise als Phosphat-Ersatz verwendet werden.

In Tabelle 14 ist aufgeführt, wie sich die phosphatfreien Kochwaschmittel zusammensetzen. Die aufgeführten Produkte sind in den Waschmitteln des Handels alle enthalten. Ihre Mengenangaben sind aber von Waschmittel zu Waschmittel unterschiedlich und bewegen sich innerhalb bestimmter Prozentanteile. Der prozentuale Gehalt der Waschmittel-Inhaltsstoffe ist meist ein Ergebnis von Optimierungsversuchen zur Waschwirkung, die bei den einzelnen Waschmittelfirmen ständig durchgeführt werden. Natriumsulfat ist in Kochwaschpulvern als „Stellmittel" enthalten. Es soll die Kristallisierbarkeit der Inhaltsstoffe und eine gute Fließfähigkeit gewährleisten sowie das Zusammenbacken verhindern. Im übrigen enthalten Kochwaschmittel die oben schon erwähnten Additive, wie Perborat, Magnesiumsilicat, optische Aufheller, Enzyme, Carboxymethyl-Cellulose, Farbstoffe und Parfüm.

60°-Waschmittel

Waschmittel, die schon bei niedriger Temperatur ihre volle Waschkraft entfalten, sind seit langem bekannt. Sie dienten früher im

Tabelle 14. Rahmenrezeptur eines phosphatfreien pulverförmigen Universalwaschmittels

Wirkstoffgruppe	Beispiel	Anteil %
Antiontenside	Alkylbenzolsulfonat, FAS	5–10
Niotenside	Fettalkoholpolyglykolether	1–5
Schauminhibitoren	Seifen, Siliconöle	1–5
Komplexbildner Ionenaustauscher	Zeolith A	15–30
Co-Builder	Polycarboxylate	0–6
Bleichmittel	Na-Perborat	14–35
Bleichaktivatoren	Tetraacetylethylendiamin	2–4
Stabilisatoren	Mg-Silikat, Phosphonate	0,2–2
Vergrauungsinhibitoren	Carboxymethylcellulose, andere Celluloseether	0,5–2
Enzyme	Proteasen	0,3–1
Optische Aufheller	Stilbendisulfonsäure, Bis-(styryl)-biphenyl-Deriv.	0,1–0,3
Korrosionsinhibitoren	Na-Silikate	2–7
Duftstoffe		0,05–0,3
Farbstoffe		0–0,001
Stellmittel	Na-Sulfat	0–20

allgemeinen zum Waschen empfindlicher Gewebe wie Bunt- und Feinwäsche, da man bei dieser Wäsche bei höherer Temperatur ein Auslaufen der Farben befürchten mußte. Das Optimum zwischen Temperatur, Waschkraft und Farbbeständigkeit hat sich bei ca. 60 °C eingestellt. Inzwischen wurden Vollwaschmittel entwickelt, mit denen man auch bei 60 °C waschen konnte und die man deswegen früher allgemein als 60 °C-Waschmittel bezeichnete. Der Grund für diese Entwicklung war u.a., daß man Energie einsparen wollte. Die neuen Niedrigtemperatur-Waschmittel enthielten zunächst keine Bleichmittel, da Perborat seine volle Wirkung erst bei höherer Temperatur entwickelt. Da die Hausfrau aber auch bei den Niedrigtemperatur-Waschmitteln eine befriedigende Bleiche erwartete, wurden Bleichsysteme aus Perborat und Aktivatoren gesucht, die die oxidative Wirkung des Natriumperborates schon bei ca. 60 °C gewährleisteten. Es sind meist Acetyl-Verbindungen, wie das Tetraacetyl-Ethylendiamin (TAED) (s. Abb. 43). Zur Frage der Hygiene ist zu sagen, daß

78 Haushaltswaschmittel

Tabelle 15. Rahmenrezepturen von 60 °C-Waschmitteln

Wirkstoffgruppe	Beispiel	Anteil %
Aniontenside	Alkylbenzolsulfonat	0–8
Niotenside	Alkylpolyglykolether	3–11
Schauminhibitoren	Seifen, Siliconöle	0,1–3
Komplexbildner	Na-Triphosphat	20–40
Ionenaustauscher	Zeolith 4 A	0–30
	Polycarboxylat	
Bleichmittel	Na-Perborat	0–15
Aktivatoren	Tetraacetylethylendiamin	0,1–0,5
Vergrauungsinhibitoren	Carboxymethylcellulose, Celluloseether	0,2–2
Enzyme	Proteasen	0,2–1,0
Optische Aufheller	Stilben-disulfonsäure-, Bis(styryl)biphenyl-Derivate	0,1–0,3
Korrosionsinhibitoren	Na-Silicate	2–6
Duftstoffe		+
Stellmittel	Na-Sulfat	5–20

Keime bei 60 °C selbstverständlich nicht in dem Maße abgetötet werden, wie beim Kochen. Es hat sich aber gezeigt, daß die heutige Wäsche wesentlich geringere Keimzahlen und von Krankenhauswäsche abgesehen, keine pathologischen Keime enthält. Der Grund dürfte im Trageverhalten sowie im Waschintervall liegen. Früher wurde die Wäsche wesentlich länger am Körper getragen und lag dann noch bis zum nächsten großen Waschtag für einige Wochen im Wäschekorb. Heute hat sich ein täglicher Wechsel der Unterwäsche immer stärker eingebürgert, die Wäsche wird außerdem je nach Anfall von der Hausfrau sofort gewaschen (Tabelle 15).

**Niedrigtemperatur-Waschmittel,
Fein-, Bunt- und Spezialwaschmittel**

Als Niedrigtemperatur-Waschmittel werden heute Produkte bezeichnet, die für empfindliche Textilien meist bei 30–40 °C eingesetzt werden. Hierher gehören die Fein-, Bunt- und Wollwaschmittel sowie Gardinen-Waschmittel. Um die Fasern weitestgehend zu

schonen ist der pH-Wert von solchen Waschmittel nicht über 10 und bei Wollwaschmitteln noch niedriger, da sonst eine Verfilzung der Wolle eintreten kann. Da solche Produkte auch für die Handwäsche verwendet werden, ist auch die Hautverträglichkeit von Bedeutung. Wegen ihrer hohen Schaumentwicklung werden sie weniger in der Waschmaschine angewendet.
Tabelle 16 gibt einige Rahmenrezepturen für Niedrigtemperatur-Waschmittel.

Flüssigwaschmittel

In USA sind seit vielen Jahren flüssige Vollwaschmittel auf dem Markt. Schätzungsweise 25 % aller Waschmittel für Haushaltstextilien sind flüssige Produkte. Das ist sicher mit den in USA üblichen Waschverfahren und Waschmaschinen zu erklären. Trotz intensiver Werbung ist im EG-Raum diese flüssige Form des Waschmittels bisher nur zögernd angenommen worden.
Flüssigwaschmittel zeichnen sich durch einen relativ hohen Tensid-Anteil aus. Man unterscheidet zwei Typen, je nachdem welchen Builder sie enthalten. Der Wirkungsschwerpunkt des flüssigen Waschmittels ist laut Werbung die Beseitigung von Fett und Öl sowie fettartigen Verschmutzungen und das bei Waschverfahren vorzugsweise bis 60°.
Flüssigwaschmittel sind phosphatfrei. Mit der Verschärfung der Phosphat-Gesetzgebung können daher die flüssigen Waschmittel an Bedeutung zunehmen. Von Nachteil ist jedoch, daß viele Waschmaschinen noch nicht für die Aufnahme von flüssigen Waschmitteln geeignet sind, und sie daher in der Bequemlichkeit hinter den üblichen Waschpulvern rangieren. Um auch hier problemlos dosieren zu können werden Dosierhilfen in Form von Waschkugeln o.ä. angeboten. Diese Waschkugeln werden mit den Flüssigwaschmitteln gefüllt, zwischen das Waschgut gelegt und geben so das Waschmittel langsam dem Waschprozeß zu.
Als Tensidgemisch wird vorwiegend Alkylbenzolsulfonat, Fettalkoholoxethylat und Seife eingesetzt. Als Builder enthalten sie entweder Seife oder Zeolith. Die Seife ist ein Triethanolaminsalz der Kokosfettsäure, die neben ihrer schaumdämpfenden Wirkung die Calcium- und Magnesium-Ionen binden soll. Die dabei gebildeten Ca- und Mg-Salze der Kokosfettsäure sind nicht so schwer löslich wie die der

Tabelle 16. Rahmenrezepturen von Spezialwaschmitteln

Inhaltsstoffe	Fein- und Buntwaschmittel Anteil %	Wollwaschmittel Anteil %	Gardinenwaschmittel Anteil %	Handwaschmittel Anteil %
Aniontenside (Alkylbenzolsulfonat, Fettalkohol-EO-sulfat)	5–15	0–15	0–10	12–25
Niotenside (Fettalkoholpolyglykolether)	1–5	2–25	2–7	1–4
Seife	1–5	0–5	1–4	0–5
Kationtenside (Dialkyl-dimethyl-ammoniumchlorid)	–	0–5	–	–
Zeolith	–	–	–	0–35
Polycarboxylate	–	–	–	0–6
Na-Perborat	–	–	0–12	–
Na-Silicat	2–7	2–7	3–7	3–9
Vergrauungsinhibitoren	0,5–1,5	0,5–1,5	0,5–1,5	0,5–1,5
Enzyme	0–0,4	–	–	0,2–0,5
Optische Aufheller	0–0,2	–	0,1–0,2	0–0,1
Duftstoffe	+	+	+	+
Stellmittel	+	+	+	+

Tabelle 17. Rezepturvergleich von phosphatfreien Flüssigwaschmittel (nach P. Krings u. E. J. Smulders, SEPAWA 1990)

Inhaltsstoffe	Seife als Builder %	Zeolith als Builder %
Aniontenside	10–15	8–12
Niotenside	10–15	2– 5
Seife	12–20	–
Citrat	1– 2	1– 4
Zeolith	–	17–22
Polycarboxylat	–	1– 3
Tri-Monoethanolamin	0–10	–
Alkohole	8–12	7–10
Enzyme	+	+
Stabilisatoren	+	+
Wasser	30–35	45–60

Behen- und Talgfett-Säure und werden durch die relativ hohe Tensidkonzentration vollständig dispergiert. Die Seife hat also hier Builderfunktion. Neuerdings ist es auch gelungen, eine beständige Zeolithdispersion in ein Flüssigwaschmittel einzubauen.

Aus Transport-, Lagerungs- und Entsorgungs-Gründen geht man immer mehr dazu über Waschmittel-Konzentrate anzubieten, die wiederum den Einsatz von Lösemitteln und Hydrotropikas erfordern. Triethanolamin ist daher ein wichtiger Bestandteil von Flüssigwaschmitteln. Es dient nicht nur der Erhöhung der Löslichkeit der Aniontenside sondern auch der Pufferung der Waschflotte auf pH 7–9. Durch den pH-Wert und einer niedrigen Waschtemperatur wird die Ausfällung von Calciumcarbonat verhindert. Jedoch ist bei Flüssigwaschmitteln die Belastung der Gewässer durch den hohen Tensidanteil wesentlich höher.

Rahmenrezepturen von phosphatfreien flüssigen Universalwaschmitteln zeigt Tabelle 17.

Baukasten-Waschmittel

Seit etwa 1989 werden auf dem Markt auch die sogenannten „Baukasten-Waschmittel" angeboten, die aus 3 Einzelkomponenten bestehen und getrennt je nach Wasserhärte, Verschmutzungsgrad der

Wäsche u. a. zudosiert werden können. Die drei Komponenten sind:

Baustein 1: *Grundwaschmittel*, bestehend aus nichtionischen und kationischen Tensiden, Enzymen, Alkohol, Duft- und anderen Hilfsstoffen

Baustein 2: *Sauerstoffbleiche*, bestehend aus Percarbonat, Aktivator (TAED), Na-bicarbonat, anionischen und nichtionischen Tensiden, Schaumregulatoren, opt. Aufheller, Duft- und Hilfsstoffen

Baustein 3: *Wasserenthärter*, bestehend aus anionischen und nichtionischen Tensiden, Zeolith, Glycerin, Borax, Schmutzträgern. Na-Citrat, Enzymen, Schaumregulatoren, Duft- und Hilfsstoffen.

Der Werbung zufolge soll dies eine Verringerung des Waschmittelverbrauchs um 40% bringen.

Auch die oben schon erwähnte Komponenten-Waschmaschine verwendet getrennte Waschkomponenten, die aber in diesem Fall von der Maschine automatisch je nach gewähltem Waschverfahren zudosiert werden. Außerdem gibt es hier noch einen weiteren Baustein nämlich den Weichspüler, der aus anionischen und kationischen Tensiden sowie Duft- und Hilfsstoffen besteht.

Dieses System wird als Automatisches Dosier-System (ADS-System) bezeichnet und geht davon aus, daß in den herkömmlichen Waschmitteln Zusätze sind, die nicht immer gebraucht werden. Außerdem kann man die Waschmittelmenge und das Waschprogramm beim manuellen Dosieren nicht genau aufeinander abstimmen. Nimmt man zu viel schadet man den Gewässern, nimmt man zu wenig leidet das Waschergebnis. ADS soll etwa 50% weniger Chemie, 40% weniger Strom und 50% weniger Wasser brauchen.

Kompakt-Waschmittel

Seit 1990 sind auch Kompaktwaschmittel auf dem Markt. Auch hier sind die Gründe die Lagerungs- und Transportprobleme und die Entsorgungsprobleme der Verpackung. Die Inhaltsstoffe sind etwa dieselben wie bei den üblichen Universalwaschpulvern, sie werden nur mit einer anderen Technologie hergestellt. Zum Unterschied von den herkömmlichen Waschpulvern enthalten sie Perborat-Monohydrat und viel TAED.

Tabelle 18. Rahmenrezeptur von Einweichmitteln

Wirkstoffgruppe	Beispiel	Anteil %
Aniontenside	Alkylbenzolsulfonat	2- 7
Niotenside	Fettalkoholpolyglykolether	0- 2
Seife		0- 2
Alkalien	Na-Carbonat	50-80
	Na-Silicat	5-10
Vergrauungsinhibitoren	Carboxymethylcellulose	0- 2
Duftstoffe		+
Na-Sulfat		+

Waschhilfsmittel, Einweichmittel und Enthärter

Problematische, oft örtlich begrenzte Verschmutzungen können durch spezielle Vorbehandlungsmittel zusätzlich zu den Waschmitteln entfernt werden. Pulverförmige Einweichmittel, auch flüssige oder pastöse, sind meist stark alkalisch eingestellt (auf einen pH-Wert von 12–12,5). Sie sollen den besonders hartnäckigen und fest anhaftenden Schmutz auflockern, wobei Quellungsvorgänge der Faser eine besondere Rolle spielen (Tabelle 18). Obwohl Einweichmittel heute noch auf dem Markt angeboten werden, haben sie keine

Tabelle 19. Rahmenrezepturen von Waschpasten für starke Verschmutzungen

Wirkstoffgruppe	Beispiel	Vorbehandlungspaste Anteil %
Aniontenside	Alkylbenzolsulfonat	
	Alkylsulfate	
	Alkylethersulfate	15-30
Niotenside	Alkylpolyglykolether	
	Fettsäure-ethanolamide	
	Fettsäureester	3-10
Lösemittel		–
Treibgas		–
Konservierungsmittel		0- 1
Duftstoffe		<1
Wasser		ad 100

praktische Bedeutung mehr. Sie sollen daher nur der Vollständigkeit halber hier noch beschrieben werden.

Vorbehandlungs- oder Einweichmittel haben meist einen relativ hohen Tensid-Anteil und sollen besonders bei niedrigeren Temperaturen die Waschwirkung unterstützen. Für fettreiche Verschmutzungen (Ränder an Hemdkragen und Manschetten) werden auch Mischungen verschiedener Lösungsmittel und Tenside in Form von Waschpasten eingesetzt (Tabelle 19).

Zur Wasserenthärtung werden vorwiegend Produkte verwendet, die Komplexbildner vom Typ Triphosphat, Nitrilo-Triacetat sowie Ionenaustauscher vom Typ Zeolith 4 A enthalten.

Nachbehandlungsmittel

Ist der Waschprozeß beendet, gilt es den Textilien zur Erhöhung des Gebrauchswertes bestimmte Eigenschaften wiederzugeben, die beim Waschen evtl. beeinträchtigt worden sind.

Eine elastische Steife, guter Sitz und Fülle für Hemden und Blusen, Glätte, Glanz, Standfestigkeit bei Tischdecken und Servietten, Flauschigkeit und Weichheit bei Unterwäsche, Handtüchern und Bademänteln sind solche Anforderungen. Um dies zu erreichen, sind „Avivagemittel", „Steifen" und „Formspüler" auf dem Markt.

In der Waschmaschine werden die Textilien, verglichen mit der Handwäsche, stärker mechanisch beansprucht. Das Gewebe und Gewirke wird gestaucht und Faser und Schlingflor werden, besonders bei Naturfasern, in einen hohen Unordnungszustand versetzt. Wird beim anschließenden Trocknen das Gewebe und Gewirke nicht stark bewegt, so tritt eine Trocken- oder Wasserstarre auf, die dem Waschgut eine gewisse Härte verleiht. Weichspül- oder Avivage-Mittel sollen solchen Textilien wieder einen weichen Griff geben. Als brauchbar haben sich hierfür Kation-Tenside auf Basis quartärer Ammonium-Verbindungen und neuerdings Imidazoline der in Tabelle 10 gezeigten Formel erwiesen. Solche „Avivage-Mittel" werden dem letzten Spülbad zugesetzt, um unerwünschte Reaktionen mit den Anion-Tensid-Rückständen zu vermindern. Wichtig ist, daß dabei Überdosierungen vermieden werden, denn sonst nimmt die Saugfähigkeit der Gewebe und Gewirke ab. Als eine interessante Nebenwirkung ist eine gewisse antistatische Ausrüstung der behandelten Textilien festzustellen. Die unangenehme Erscheinung des Klebens, Knisterns und der Staubanziehung wird vermindert (Tabelle 20).

Tabelle 20. Rahmenrezeptur von Weichspülmitteln

Wirkstoffgruppe	Beispiel	Anteil %
Kationtenside	Dialkyl-dimethyl-ammoniumchlorid, Alkyl-imidazolin	1-9 [a]
Niotenside	Fettalkohol-polyglykolether	0-3
Optische Aufheller	Stilben-disulfonsäure-Derivate	0-0,2
Konservierungsmittel (Mikrobizide)	Benzoesäure, (Alkyl-benzyl-dimethyl-ammoniumchlorid)	0,1-0,5 (0,1-1,5)
Farbstoffe		<0,1
Duftstoffe		0,1-0,4
Wasser		ad 100

[a] Neuerdings sind auch Konzentrate mit 10-16%, für gewerbliche Wäschereien sogar mit >50% im Handel

Will man andererseits dem gewaschenen Textilgut mehr Steife und Fülle geben, gibt es dafür Wäschesteifen. Neben Naturstärken aus Reis, Mais oder Kartoffeln sind heute synthetische Polymere verfügbar. Sie sind in der Regel flüssig und im Vergleich zu den Naturstärken relativ einfach zu handhaben. Die Steifemittel, die sich heute durchgesetzt haben, enthalten neben geringen Mengen an Stärke als Hauptbestandteil partiell zu Polyvinylalkohol verseiftes Polyvinylacetat. Man bezeichnet diese Produkte auch als „Permanentsteifen", da sie im Gegensatz zu den Naturstärken einige Waschgänge überstehen. Beachtet werden muß, daß der Polyvinylacetat-Film auf

Tabelle 21. Rahmenrezeptur von Formspülern

Inhaltsstoffe	Anteil in %
Alkylsulfate, Fettalkoholpolyglykolether	0-2
Schauminhibitor	0,1-2
Copolymerisat	20-45
Polyethylenglykol (Polywachs)	0,5-2,5
Optische Aufheller	0,01-0,3
Duftstoffe	0,1-0,4
Konservierungsmittel	<0,3
Wasser	ad 100

der Faser Schmutz oder Farbstoffe festhalten kann, die eine Vergrauung verursachen. Gegenüber Stärke und Steifen hat ein neuer Produkttyp signifikante Vorteile, der in immer größerem Maße von der Hausfrau anerkannt wird: die Formspüler. Das sind flüssige Produkte auf Basis von Copolymeren aus Vinylacetat und ungesättigten organischen Säuren. Diese Produkte sind im Gegensatz zu den Steifen bequem in der Waschmaschine anwendbar. Sie festigen die gewaschenen Textilien ohne sie in einer steifen Schicht einzuschließen. Im Gegensatz zu Steifen gibt es durch Formspüler keine Ablagerung von Farbstoff- oder Schmutzpigmenten aus der Waschflotte auf die Wäsche. Im Gegenteil, Formspüler bewirken einen „soil-release-Effekt", d.h. eine Erleichterung der Schmutzauswaschbarkeit bei der folgenden Waschbehandlung (Tabelle 21).

Waschverfahren

In Nord- und Mitteleuropa war für Baumwolle und Leinen lange die Kochwäsche üblich, während in USA die Warmwäsche angewendet wurde. Die Kaltwäsche ist teilweise im Süden Europas und in den Ländern der Dritten Welt zu finden. Im Laufe der letzten 20 Jahre hat, bedingt durch modische Tendenzen und bewußtes Energiesparen in der Bundesrepublik eine starke Verschiebung im Gebrauch der Waschprogramme stattgefunden. Der Anteil an Kochwäschen ist von 1970 bis 1990 von 42% auf 27% gesunken, und entsprechend sind die 60°-Wäschen von 40% auf 52% und die 30–40°-Wäschen von 18% auf 21% gestiegen.
Im Waschvollautomaten wird in einem Waschgang die Wäsche gewaschen, gespült und geschleudert. Grundsätzlich gestatten derartige Geräte wahlweise eine Waschbehandlung im Ein- und Zweigang-Verfahren, d. h. mit oder ohne Vorwäsche. Demzufolge sind Einspülkammern zur automatischen Zugabe der Waschmittelmengen in der Maschine vorgesehen. Eine dritte Einspülkammer zur automatischen Zugabe von Wäschenachbehandlungsmitteln im letzten Spülgang ist in den modernen Waschmaschinen ebenfalls vorhanden. Einige Maschinentypen haben die Möglichkeit einer separaten Temperatureinstellung, während bei anderen die Temperatur mit dem entsprechenden Programm gekoppelt ist. Die heute hauptsächlich anzutreffenden temperaturgesteuerten Maschinen richten ihren Programmablauf nach der Temperatur der Waschflotte. Die Temperatur ist also die dominierende Größe geworden.
Wesentlich ist neben dem Waschgut und seinem Verschmutzungsgrad das „Flotten-Verhältnis". Man bezeichnet damit das Verhältnis der Wäschemenge zum Flottenvolumen. Die Waschverfahren haben unterschiedliche Flottenverhältnisse:
Im Kessel kommen 1 kg Trockenwäsche auf 10 l Wasser. In einer Bottichwaschmaschine ist das Verhältnis 1:15. In der Trommelwaschmaschine arbeitet man bei Baumwolle im Verhältnis 1:3, für pflegeleichte Wäsche im Verhältnis 1:15–1:20. Bei einem großen

Flottenverhältnis spricht man von einer „langen Flotte", bei einem kleinen Flottenverhältnis von „kurzer Flotte". Das Füllverhältnis gibt das Verhältnis von Wäschemenge zum Volumen des Waschgerätes (bei Trommelwaschmaschinen der Innentrommel) wieder. Es muß eine hinreichende Bewegung der Wäsche im Raum gewährleistet sein. Das ideale Füllverhältnis für Baumwollwäsche in der Trommelwaschmaschine beträgt 1:13, d. h. 4 kg Baumwollwäsche benötigen etwa 50 l Trommelvolumen. Die heute üblichen Haushaltstrommelwaschmaschinen sind vorwiegend für eine Belastung mit 4–5 kg Trockenwäsche konzipiert.

Durch die neueren Entwicklungen bei den Waschmitteln und auch auf Grund einer allgemein geringeren Verschmutzung spielt in den modernen Waschmaschinen die Vorwäsche heute kaum noch eine Rolle. Auch aus Gründen der Wasser- und Energieersparnis ist man davon abgegangen.

In den älteren Waschmaschinen wird die Haushaltswäsche noch zweistufig gewaschen, d. h. in der ersten Stufe werden Waschflotte und Wäsche unter Zusatz von Waschmitteln erwärmt oder kalt gewaschen. Dieser Waschgang ist verhältnismäßig kurz. Er dient zum Abspülen der gröbsten Wäscheverschmutzungen und zum Anquellen der quellbaren Schmutzpartikelchen.

Heute wird ohne Vorwaschgang direkt in einem Hauptwaschgang auf die eingestellte Temperatur erhitzt, je nach Wäscheart und Temperaturwahl der Maschine und durch die reversierende Trommelbewegung mechanisch behandelt. Nach der Hauptwäsche wird die Temperatur der Waschlauge durch Zugabe von kaltem Wasser langsam erniedrigt. Eine zu schnelle Erniedrigung würde ein Knittern der Wäsche zur Folge haben. Anschließend folgen 3 bis 4 Spülgänge, die einen Verdünnungsvorgang darstellen und die Aufgabe haben, noch vorhandenen Schmutz und Waschmittelreste von der nun sauberen Wäsche abzutragen. Zwischen den einzelnen Spülgängen wird, vom Waschgut abhängig, meist noch angeschleudert. Am Schluß folgt ein intensiverer, längerer Schleudergang, der bei Feinwäsche oder pflegeleichter Wäsche wegen der unerwünschten Knitterbildung unterbleibt.

Die modernen Mischgewebe und der durch die Ölkrise ausgelöste Trend, Energie zu sparen, haben den Anteil der Kochwäsche (95°-Wäsche) stark zurückgehen lassen. Wie oben schon erwähnt haben neue Waschmaschinenkonstruktionen (Aqua-Tronic, Oberwasser-System, Ökoschleuse, Waschkugel u. a.) in letzter Zeit signifikante

Einsparungen an Energie, Waschmittelmenge und an Wasch- und Spülwasser ermöglicht. Verbrauchte früher ein Waschautomat für jeden Waschgang (Weißwäsche) ca. 120 l Wasser, so sind dies heute infolge baulicher Veränderungen nur noch ca. 100 l. Außerdem brachte der Trend zu niedrigeren Waschtemperaturen eine Senkung des Energieverbrauchs von 3 auf 2 kWh pro Waschgang.
Einen Versuch, sich von dem konservativen Waschen zu lösen mit dem Ziel, Waschmittel zu sparen und die kommunalen Abwässer zu entlasten, stellt das Komponenten-Waschverfahren, auch ADS (= automatisches Dosier-System) genannt, dar. Dabei werden die oben schon beschriebenen waschaktiven Substanzen, die Gerüststoffe, hier Wasserenthärter genannt, ein ggf. stabilisiertes Bleichmittel und Bleichaktivatoren sowie die Weichspülmittel in flüssiger Form getrennt bevorratet und der Flotte vor oder während des Waschprozesses in der optimalen Menge zur richtigen Zeit einzeln oder evtl. im Intervall automatisch zudosiert. Das Waschverfahren benötigt eine eigens dafür konstruierte Maschine oder zu den gängigen normalen Haushaltswaschmaschinen ein entsprechendes Zusatzgerät. Eine Dialog-Elektronik fragt vor dem Waschen alle notwendigen Informationen ab über Art und Menge des Waschguts, Verschmutzungsgrad, Temperatur usw. und dann arbeitet die Maschine vollautomatisch. Eine Überdosierung wird dadurch vermieden. Man wirbt mit 50 % Wasserersparnis, 40 % Stromersparnis und 50 % weniger Chemie. Es bleibt abzuwarten, ob sich dieses energie- und umweltfreundliche Waschverfahren in Europa einführen läßt.
Einen anderen und neuen Weg beschreitet das Waschen mit dem Baukasten-System. Während in einem Vollwaschmittel eine unveränderbare Mischung der verschiedenen Inhaltsstoffe vorliegt, werden beim Baukasten-Prinzip diese in drei separate Bausteine aufgetrennt. Die Zusammensetzung dieser Bausteine wurde oben schon beschrieben. Wichtig ist hier, daß eine individuelle Dosierung möglich ist je nach Verschmutzungsgrad und Wasserhärte und auf diese Art eine Einsparung von Waschmittel ermöglicht wird.

Herstellung von Waschmitteln

Die Seifenherstellung

Justus Liebig soll gesagt haben, der Seifenverbrauch sei ein Maßstab für die Kultur eines Volkes. Sicher ist, daß der Verbrauch an Seifen und Kosmetika Auskunft über den Lebensstandard eines Volkes gibt. So wurden in Deutschland 1936 noch ca. 200 000 t Seife hergestellt. 1949 ging (zwangsweise) der Verbrauch auf 75 000 t zurück, um 1950 wieder auf 120 000 t zu steigen. Das Handelsprodukt Seife kommt in unterschiedlicher Form auf den Markt. Wir kennen

- Fein- oder Toilettenseifen,
- Medizinalseifen,
- Haushalts- oder Kernseifen,
- Rasierseifen,
- Schmierseifen,
- flüssige Seifen,
- Seifenflocken, Späne, Nudeln sowie
- Industrieseifen, z. B. Metallseifen für die Drahtzieherei,
- Stauffer-Fett.

Die Herstellung der Seife geschieht durch Verseifung von Fetten oder Ölen bzw. durch die Neutralisation der freien Fettsäuren.
Fettsäuren werden

- durch eine Reaktivspaltung, d. h. Umsetzung des Fettes mit Wasser und einem speziellen Katalysator oder
- durch Druckspaltung im Autoklaven in Gegenwart von Wasser bei 220–260 °C oder
- durch Säurespaltung mit konzentrierter Schwefelsäure hergestellt.

Grundsätzlich ist der Seifenträger bei allen Produkten des Handels etwa gleich und unterscheidet sich nur in der Qualität der verwendeten Rohstoffe, in der Mischung von pflanzlichen und tierischen Fetten und Ölen, in der Aufbereitung und den Zusätzen.

Ein üblicher Seifensud kann nach dem Unterlaugenverfahren hergestellt werden. Dazu wärmt der Seifensieder in der Siedepfanne das Fettgemisch an und emulgiert mit einem Drittel der berechneten Menge Natronlauge. Dann wird das zweite Drittel Natronlauge in konzentrierter Form zugesetzt und nach Verbrauch dieser Alkalimenge der Rest. Nach der Verseifung entsteht ein „Seifenleim" als klare, homogene, fadenziehende Masse, aus der die Kernseife mit Kochsalz oder mit einer gesättigten Kochsalzlösung abgeschieden wird. Die Unterlauge enthält Glycerin.
Nachteile dieser Seife sind ihr geringes Schäumvermögen und eine schlechte Löslichkeit.
Um diese Nachteile zu vermeiden, benutzt man heute das Leimniederschlagsverfahren. Es unterscheidet sich von dem Unterlaugenverfahren dadurch, daß die Seife nicht vollständig ausgesalzen wird, so daß unter der Seifenschicht als leimartige viskose Lösung der „Leimniederschlag" verbleibt. Es wird mit einer höheren Laugenkonzentration gearbeitet als beim Unterlaugenverfahren, mit Kochsalzlösung ausgesalzen und durch Einblasen von Dampf die Unterlauge verdünnt. Dabei verschmelzen die einzelnen Seifenkörnchen; die Seife erhält ein glattes Aussehen. Der zurückbleibende Leimniederschlag, der Seife und Glycerin enthält, wird beim nächsten Ansatz weiterverwendet. Kernseifen auf Leimniederschlag schäumen gut, sind kaum spröde, sehen glatter aus und enthalten weniger Salz als nach dem Unterlaugenverfahren hergestellte Seifen. Außerdem haben sie eine bessere Waschkraft. Als Faustregel gilt, daß man aus einer Tonne Fett eine Tonne Seife erhält.
Um die in der Seifenpfanne anfallende Seifenmasse in eine handliche Form zu bringen, muß die Seife weiter verarbeitet werden. Das kann durch Einfüllen der noch gießbaren Masse in Formen geschehen. Man erhält nach dem Erkalten die unter dem Namen „Kernseife" bekannten Stücke. Bei der Herstellung von Toilettenseife geht man komplizierter vor. Als Ausgangsmaterialien werden nur einwandfreie Fette bester Qualität, wie Kokosfett, Olivenöl, Erdnußöl oder Talgfette verwendet. Die reine Kernseife auf Leimniederschlag wird zunächst bis auf einen Wassergehalt von ca. 20% getrocknet und dann nach Zumischung von Farbstoff, Parfüm und anderen Zusätzen in eine Pilliermaschine gegeben, deren Walzen sich mit unterschiedlicher Geschwindigkeit drehen, so daß die Seife von einer Walze auf die andere aufgeschmiert und durch Abnehmer in Form von sehr dünnen Spänen abgekratzt wird. Dieser Vorgang wird

Herstellung von Waschmitteln

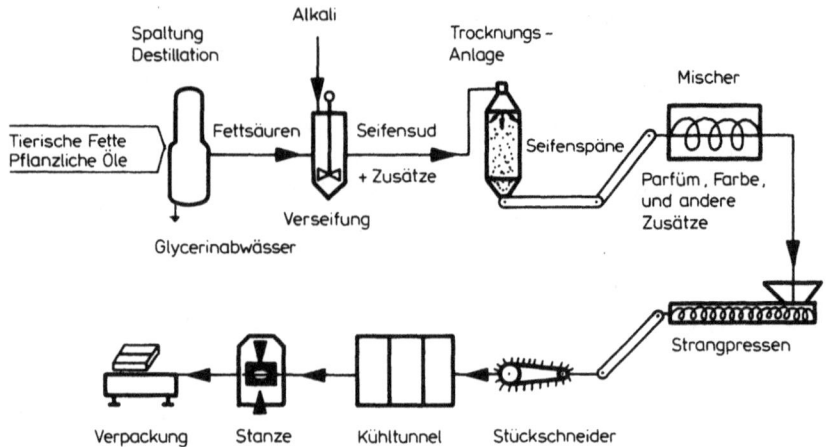

Abb. 46. Herstellung von Seife

solange wiederholt, bis sämtliche Inhaltsstoffe gleichmäßig verrieben sind. Nach Formen der Seifenspäne in einer Strangpresse zu einem Seifenstrang wird die Toilettenseife in Stücke zerschnitten und in einer Presse geformt (Abb. 46).

Die Waschpulverherstellung

Waschmittel für Haushaltstextilien werden auch heute noch vorzugsweise in Pulverform angeboten. Während bei den Geschirrspülmitteln und Haushaltsreinigern die Entwicklung in den letzten 20 Jahren von pulverförmigen Produkten zu Flüssig-Produkten gegangen ist, beträgt der Anteil an Flüssigwaschmitteln in der BR-Deutschland nur ca. 12% (USA etwa 20%). Es gibt dafür verschiedene Gründe, die im Kapitel „Flüssigwaschmittel" dargelegt wurden.
Zur Waschpulver-Herstellung gibt es zwei moderne Verfahren. Einmal das Heißsprühverfahren (in Heißluftsprühtürmen) sowie das Aufsprühverfahren (in rotierenden Trommeln). Früher produzierte man Waschpulver durch Kristallisationstrocknung (= Tennenverfahren). Seife wurde mit anorganischen Bestandteilen, wie kalzinierter Soda, Natriumsulfat und Silicat mit Wasser oder einer Seifenlösung in einem Rührkessel vermischt und dann großflächig auf einem Betonboden gegossen. Bei der Trocknung des Breies wurde

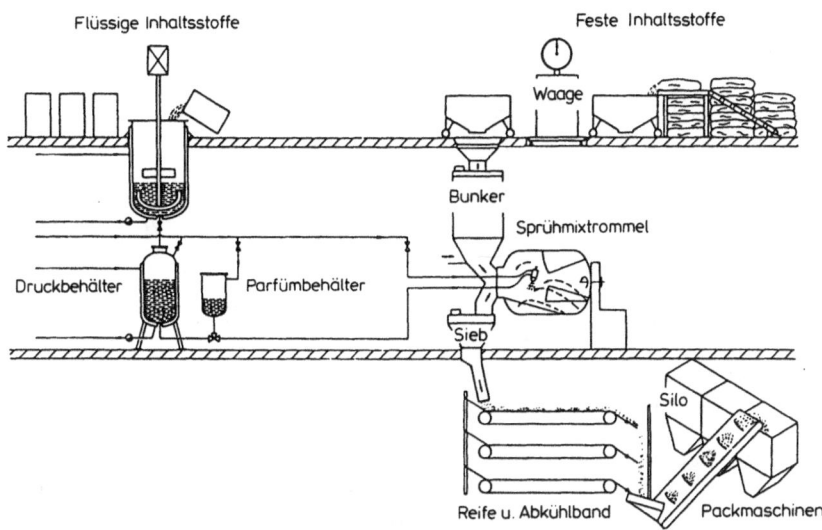

Abb. 47. Herstellung von Waschpulver (Sprüh-Mix-Verfahren)

das Wasser als Kristallwasser gebunden. Die harte Masse konnte gemahlen und abgepackt werden.

Beim Aufsprühverfahren, auch Sprühmisch- oder Sprühnebelmisch-Verfahren genannt, legt man die pulverförmigen Zusatzstoffe, wie gemahlene Seife, Zeolith, Polycarboxylat, Silicat, Perborat, Natriumsulfat, optische Aufheller, Carboxymethylcellulose (CMC) und Enzyme vor und sprüht die flüssigen Anteile, wie Alkylbenzolsulfonat und nichtionische Tenside und Parfüm mittels einer Zweistoffsprühdüse unter starkem Rühren auf. Es sind dafür Sprühnebelmischer mit horizontaler oder vertikaler Arbeitsweise auf dem Markt. Wichtig ist, daß zur Homogenisierung die flüssigen Produkte in feinen Tröpfchen aufgesprüht werden. Das vorgelegte Produkt wird stark gerührt, die auftretende Kristallisationswärme durch Wasserkühlung schnell abgeführt (Abb. 46). Im allgemeinen erhält man beim Aufsprühverfahren Waschpulver mit verhältnismäßig hohem Schüttgewicht, das durch Verwendung von voluminösem Natriumtriphosphat oder Natriumsulfat erniedrigt werden kann.

Der bei weitem größte Teil der heute vermarkteten Waschpulver wird nach dem Heißluft-Sprühverfahren hergestellt. Da hier mit Heißluft von 300–350 °C getrocknet wird und am Waschpulverkorn eine Temperatur von 100–200 °C auftreten kann, werden nur die tempe-

94 Herstellung von Waschmitteln

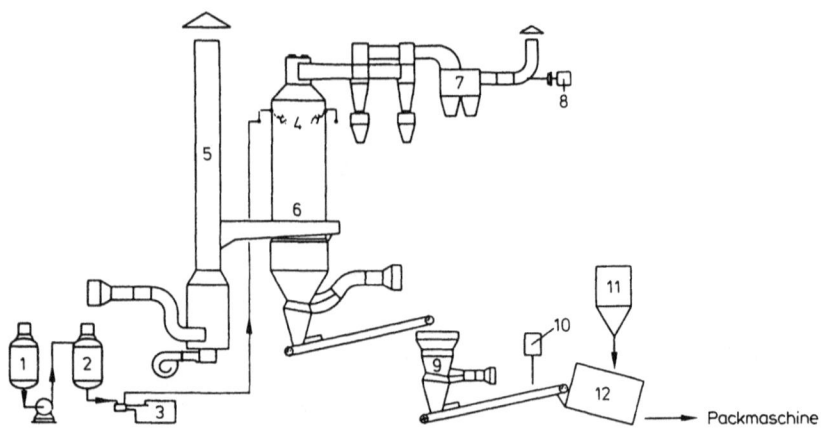

Abb. 48. Herstellung von Waschpulver (Heißluft-Sprühverfahren). 1, 2, Ansatzu. Mischbehälter; 3, Pumpe; 4, Sprüh-Düsen; 5, Heizofen; 6, Sprühturm, Heißlufteintritt; 7, Filter; 8, Saug-Gebläse; 9, Sieb; 10, Parfümzugabe; 11, Perboratzugabe; 12, Mischtrommel

ratur-unempfindlichen Komponenten des Waschpulvers versprüht, alle temperatur-empfindlichen Produkte müssen nachher zugemischt werden. Der Waschpulveransatz oder „Slurry", worunter man eine wäßrige Aufschlämmung mit ca. 60% Feststoffgehalt versteht, wird unter Druck von 20–70 bar durch Zerstäubungsdüsen in einen Sprühturm von ca. 30 m Höhe gesprüht. Aus dem unteren Teil des Sprühturms strömt dem von oben eingedüsten Nebel ein heißer Luftstrom entgegen, der das Wasser verdampft und dadurch aus den eingesprühten Tröpfchen kleine Hohlkügelchen bildet, die im Turm nach unten rieseln. So wird ein völlig homogenes Waschpulverkorn (auch Beads = Perlen genannt) gebildet, welches sich in Wasser leicht löst. Die Leistung eines modernen Sprühturms beträgt 8–12 t/h. Das Schüttgewicht beträgt ca. 300–400 g/l. Neben der guten Löslichkeit hat ein so hergestelltes Waschpulver gegenüber dem Aufsprühverfahren den Vorteil einer guten Rieselfähigkeit und einer geringen Neigung zum Stauben. Die temperatur-empfindlichen Waschmittelzusatzstoffe, wie Perborat, werden dem Turmpulver nachträglich zugemischt. Der Parfümanteil wird in einer gesonderten Trommel auf das fertig gemischte Waschpulver aufgedüst. Abbildung 48 zeigt ein Fließschema für das Heißluftsprühverfahren.

Waschmittel und Umwelt

Es gibt wohl kaum eine Entwicklung, die so nachhaltig und intensiv die Menschheit in den letzten Jahren beeinflußt hat wie die Sorge um die Umwelt. Was anfänglich als eine übertriebene Besorgnis von Randgruppen angesehen wurde, wird inzwischen von fast allen Schichten unserer Bevölkerung, der Industrie und den politischen Gruppierungen diskutiert.
Auch die Wasch- und Reinigungsmittel wurden davon erfaßt. Verständlich, denn bei allen Vorteilen und Errungenschaften der modernen Waschmittel (besonders für die gestreßte, berufstätige Hausfrau oder den Hausmann) darf nicht vergessen werden, daß Waschmittel nach dem Gebrauch zusammen mit dem abgelösten Schmutz in das Abwasser gelangen und damit die Umwelt belasten. Wenn man davon ausgeht, daß 1985 in den alten Bundesländern etwa 1,7 Mio. t Wasch- und Reinigungsmittel in ihrer ganzen Vielfalt als pulverförmige und flüssige Vollwaschmittel, Fein- und Buntwaschmittel, Geschirrspülmittel, Allzweckreiniger, Spezialwaschmittel, Weichspüler sowie Toiletten- und Schmierseifen unsere Abwässer belastet haben, so ist nicht verwunderlich, daß Auswirkungen auf unser Ökosystem befürchtet werden müssen. Eine durch nicht immer fachkundige Reportagen der Medien aufgeschreckte Öffentlichkeit und der Gesetzgeber haben sich der Problematik angenommen. Zwar zeigt ein Vergleich der erfolgreichen Bemühungen um eine saubere Umwelt zwischen der alten BRD, den neuen Bundesländern und unseren europäischen Nachbarn sehr deutlich, daß an der Aussage „Umweltbewußtsein muß man sich leisten können" etwas dran ist: Noch gehen viele Initiativen und Regelungen von der Bundesrepublik aus. Der länderüberschreitende Warenfluß und der Europäische Markt bringen jedoch langsam eine Gleichschaltung mit sich. Von den vielen Inhaltsstoffen der Wasch- und Reinigungsmittel kommen zwar ab und zu immer wieder einige ins Gerede. Bisher war aber ihre Konzentration im Abwasser entweder sehr gering, und/oder ihre relative Unschädlichkeit für Menschen und Umwelt experimentell und durch den Langzeitgebrauch bewiesen.

96 Waschmittel und Umwelt

Tabelle 22. Investitionen einzelner Länder für den Umweltschutz

Chemische Industrie	Jahr	Umweltschutzinvestitionen in Millionen Mark	Gesamtinvestitionen in Millionen Mark	Anteil der Umweltschutzinvestitionen an den Gesamtinvestitionen in Prozent
Bundesrepublik Deutschland	1987	1 034	9 600	10,8
Belgien	1986	37	1 551	2,4
Frankreich	1986	296	4 295	6,9
Großbritannien	1987	247	4 112	6,0
Italien	1986	141	2 828	5,0
Niederlande	1983	71	1 682	4,2
USA	1985	2 175	48 343	4,5
Japan	1987	389	19 436	2,0

Quelle: Erhebungen der nationalen Chemieverbände und statistischen Ämter. Aufgrund unterschiedlicher statistischer Abgrenzungen und verschiedener Erhebungszeitpunkte in den einzelnen Ländern ist ein Vergleich nur eingeschränkt möglich. Trotz dieser Unsicherheit vermitteln die Daten einen ungefähren Einblick in die Relationen.

Nur die Tenside, die Phosphate und das Perborat erreichen hohe Abwasserkonzentrationen, ihre Umweltbelastung muß daher näher untersucht werden.

Wie schon erwähnt, nimmt die alte BRD seit vielen Jahren eine Vorreiterrolle beim Umweltschutz ein. Nicht nur die Gesetzgebung als solche zeigt in der EG bzw. weltweit deutlich die Hand der Bundesregierung. Auch die von der Industrie vorgeschlagenen freiwilligen Vereinbarungen wie Verzicht auf Alkylphenolethoxylate (APEO), Einschränkung des Einsatzes von Nitrilotriacetat (NTA) in Waschmitteln, Reduzierung des Einsatzes von FCKW als Spraytreibgas, Verzicht auf leichtflüchtige CKW in Wasch- und Reinigungsmitteln, die im Zusammenwirken mit Wasser reinigen, Begrenzung des Gehalts an hypochlorigen Verbindungen in Sanitätsreinigern, Mitteilung über Rahmenrezepturen und Mengen der in den Verkehr gebrachten Wasch- und Reinigungsmittel einschließlich von Daten über die biologische Abbaubarkeit und das ökotoxikologische

Verhalten der Tenside und sonstigen Inhaltsstoffe sprechen für einen hohen Stand Deutschlands bei Umweltfragen.

Aquatische Probleme, der biologische Abbau

Für 1980 wurde von den Experten errechnet, daß bei einem Wasserverbrauch von 200 l/Einwohner der alten Bundesrepublik pro Tag (also ohne Industrie und Gewerbe) und einem Waschmittelverbrauch von 750 000 t/anno etwa 60 mg Tenside im kommunalen Abwasser zu erwarten sind. Dazu kommen etwa 13 mg Phosphor aus dem Builder Na-Triphosphat, der mit 225 000 t/anno in Waschmitteln eingesetzt wurde.

Das Na-Perborat ist zwar bei den Vollwaschmitteln mit 10–25 % ebenfalls ein mengenmäßig wichtiger Inhaltsstoff. Da aber das Perborat bereits in der Waschflotte zu Borat zerfällt, ist dieses bei einer Beurteilung zu berücksichtigen. Borat jedoch weist gegenüber Fischen eine sehr geringe Toxizität auf. Eine ökologisch relevante Metabolitenbildung, Komplexbildung oder Mobilisierung bzw. Bioakkumulation konnte nicht festgestellt werden.

Es existieren für die alte Bundesrepublik, speziell für einzelne Flußgebiete, Bor-Kataster. Das gleiche gilt für das in einigen Waschmitteln eingesetzte Percarborat. Diese Bleichmittel werden daher zur Zeit als Schadstoff-Faktor nicht weiter verfolgt.

Wie im Kapitel Inhaltsstoffe beschrieben, haben die sog. Komplexphosphate, vor allem das Na-Triphosphat, die Eigenschaft, die Härtebildner des Wassers zu inaktivieren und die Reinigungskraft der Tenside zu verstärken. Qualitativ hochwertige Vollwaschmittel enthielten bis in die 80er Jahre bis 45 % Triphosphat.

Nun sind Phosphate für Lebewesen völlig ungiftig, sie sind sogar lebensnotwendige Mineralien. Da sie aber in herkömmlichen Kläranlagen nicht eliminiert werden, passieren sie diese unverändert. In langsam fließenden oder stehenden Gewässern bewirken sie neben anorganischen Stickstoffverbindungen durch einen Düngeeffekt ein schnelles Wachstum der Wasserpflanzen (Eutrophierung), die, wenn sie absterben, viel Sauerstoff verbrauchen. Das Gewässer schlägt um, Wassertiere sterben ebenfalls ab.

Nicht nur Waschmittelphosphate belasten das Abwasser, sondern auch in etwa gleicher Menge die Phosphate aus Fäkalien und die der Landwirtschaft durch Phosphat-Düngung, Viehhaltung und Erosion. Eine umfassende Lösung des Eutrophierungsproblems wäre die bundesweite Einführung einer dritten Reinigungsstufe in den Kläranlagen. Damit würden alle Phosphate ausgefällt und eliminiert. Bis 1993 will der Gesetzgeber diese Fällungsstufe vorschreiben. Eine Phosphat-Höchstmengenverordnung soll in einer Übergangszeit in zwei Stufen eine Phosphatreduzierung garantieren.

Unter dem Druck der Öffentlichkeit hat allerdings die Waschmittelindustrie schneller reagiert und phosphatfreie Waschmittel auf Basis des wasserunlöslichen, anorganischen Zeolith entwickelt und auf dem Markt eingeführt. Damit schien das Phosphatproblem für die Waschmittel unabhängig vom Gesetzgeber gelöst.

Heute sind praktisch nur noch phosphatfreie Waschpulver auf dem Markt, in den flüssigen Waschmitteln waren sie in der alten BRD wegen der ungelösten Dispergierprobleme nie enthalten. Nun gibt es immer wieder Stimmen, die an ein Zurück zum Triphosphat glauben. Hier wird auf die guten Erfahrungen der Regionen (z. B. Berlin West) hingewiesen, die schon einige Zeit mit der 3. Reinigungsstufe arbeiten. Es bleibt abzuwarten, ob die rasante Entwicklung der phosphatfreien pulverförmigen und der flüssigen Voll-, Fein- und Buntwaschmittel rückgängig gemacht werden kann. Eine Rolle könnte hier noch die Frage nach dem Abbau oder der Eliminierung der Co-Builder, der Polycarboxylate spielen. Sie sind für eine befriedigende Wirkung der Zeolithe unbedingt notwendig. Diese Produkte sind zwar untoxisch, aber noch fehlen mangels Analysenmethoden das Langzeitverhalten dieser Stoffgruppe. Sie werden nicht abgebaut, sondern durch einen Fällungs- bzw. Adsorptionsmechanismus zu mindestens 90% in den Kläranlagen aus dem Abwasser entfernt.

Ganz anders verhält es sich mit den in den Waschmitteln enthaltenen Tensiden. Gerade sie waren es, die im trockenen Sommer 1959 durch die Schaumentwicklung auf Flüssen und Gewässern den Anstoß für die Fragen ihres biologischen Verhaltens im Abwasser gaben. So hat sich das Umweltverhalten der Tenside noch immer als das Hauptproblem bei allen Diskussionen über Waschmittel herausgeschält.

Das für ihren Verbleib in der Umwelt entscheidende Bewertungskriterium ist ihre biologische Abbaubarkeit als Hauptmechanismus der Abwasserreinigung in Kläranlagen und der Selbstreinigungsprozesse in Oberflächengewässern.

Abwasserreinigung

Zur Reinigung des Abwassers stehen mechanische, biologische und chemische Verfahren in Kläranlagen zur Verfügung. Das heute am weitesten verbreitete Verfahren ist die kombinierte mechanisch-biologische Reinigung. Sie vollzieht sich in folgenden Schritten:

1. Mechanik
– grobe und sperrige schwimmende Feststoffe werden durch einen Rechen entfernt,
– leicht absetzbare feinkörnige Feststoffe scheiden sich im sogenannten Sandfang ab,
– ungelöste Stoffe, die im Sandfang nicht abgetrennt werden, setzen sich im Vorklärbecken ab und
– aufschwimmende Stoffe, wie Fette und Öle, werden durch geeignete Abscheider zurückgehalten und zu 90% und mehr eliminiert.

Der Klärschlamm aus der mechanischen Vorreinigung sowie der Überschußbelebtschlamm werden im allgemeinen in die anaerobe (sauerstoff-freie) Klärstufe, die Schlamm-Faulung überführt. Der in dieser Abwasserreinigungsstufe anfallende angefaulte Schlamm wird verbrannt, deponiert oder als Dünger auf landwirtschaftlich genutzte Flächen aufgebracht.

2. Biologie
Bei der biologischen Abwasserbehandlung wird die Fähigkeit der im Abwasser lebenden Mikroorganismen genutzt, organische Verunreinigungen in Gegenwart von Sauerstoff zu Wasser, Kohlendioxid und Biomasse (Schlamm) abzubauen. Das so gereinigte Abwasser kann nach der Trennung vom Belebtschlamm in Gewässer eingeleitet werden. In der biologischen Stufe der Kläranlage werden biologisch gut abbaubare Stoffe zu 90% und mehr eliminiert.

3. Chemische Nachbehandlung
– Flockung/Fällung
In Wasser gelöste Stoffe werden in unlösliche Verbindungen überführt, die als Flocken im Absetzbecken sedimentieren. Kolloide oder feinst suspendierte Stoffe müssen vor der Sedimentation destabilisiert werden. Dies geschieht meist durch Zugabe von Eisen- oder Aluminiumsalzen.

4. Spezielle Reinigungsverfahren

Industrielle Abwässer mit Substanzen, die normalen Kläranlagen nicht zugeführt werden können oder dort nicht abzubauen sind, müssen durch spezielle Verfahren gereinigt bzw. vernichtet werden:

- Adsorption
  Im Wasser gelöste Verschmutzungen werden an Adsorptionsmittel angelagert und mit diesen entfernt. Als Adsorptionsmittel kommen zum Einsatz Aluminiumoxid, speziell für hydrophile Stoffe im neutralen bis leicht sauren Bereich, Silikate und Aktivkohle.

- Naßoxidation
  Die organischen Verunreinigungen des Abwassers werden mit Wasserstoffperoxid, Sauerstoff oder Ozon bei erhöhter Temperatur und hohem Druck vernichtet.

- Strippung
  Leicht flüchtige Stoffe werden mit Luft, Stickstoff oder Wasserdampf aus dem Abwasser ausgeblasen. Dabei werden sie in die Gasphase überführt und müssen dort vernichtet werden. Dieses Verfahren findet insbesondere Anwendung zur Reinigung der Abwässer von halogenierten Kohlenwasserstoffen.

- Abwasserverbrennung
  Abwasser wird mit Luft gemischt in eine Flamme eingedüst, wo es verdampft. Bei den herrschenden Temperaturen von 800°C–1200°C verbrennen die organischen Bestandteile vollständig.

Mehr als 80% aller Abwässer aus Haushalt und Gewerbe passieren eine kommunale Kläranlage und werden vollbiologisch behandelt. Dabei findet der maßgebliche Teil des Tensidabbaus statt. Wie in der Tensidverordnung geregelt, müssen dabei durchschnittlich mindestens 90 von Hundert auf biologischem Wege abgebaut werden. Die Anforderung gilt als eingehalten, wenn eine einmalige Prüfung mindestens den Wert 80 von Hundert ergibt.
Die entsprechenden Test- und Analyseverfahren sind genau vorgeschrieben. Meist erfolgt die Prüfung im OECD Screening Test, einem statischen Test mit mineralischem Medium und dem Tensid als einziger organischer Nährstoffquelle; nach Beimpfung mit Abwasserbakterien muß innerhalb von 19 Tagen ein 80%iger Abbau erfolgt sein. Wenn dieses Limit nicht eindeutig erreicht ist, erfolgt eine weitergehende Untersuchung des Tensidabbaus in einem Kläranlagensimula-

tionstest, dem OECD Confirmatory Test. Hier wird der Abbau der Tenside unter kontinuierlichen Versuchsbedingungen (die Aufenthaltsdauer der Testverbindungen in der Versuchsanlage beträgt durchschnittlich 3 h) in Gegenwart eines hohen Überschusses an leicht abbaubaren Verbindungen, also unter realistischen Konkurrenzbedingungen, geprüft. Gemessen wird der biologische Abbau jeweils mit Hilfe sogenannter substanzgruppenspezifischer Analyseverfahren, die eine Quantifizierung des noch vorhandenen a- oder n-Tensidanteils erlauben. Man benutzt hierbei die Eigenschaft anionischer Tenside, mit Methylenblau, bzw. nichtionischer Tenside, mit Wismutjodid einen Komplex zu bilden, so daß der Tensidabbau als Abnahme an Methylenblau-aktiver Substanz (MBAS) bzw. Wismutaktiver Substanz (BiAS) angegeben wird. In den beschriebenen gesetzlichen Abbautests wird mit der MBAS- bzw. BiAS-Abnahme die sogenannte Primärabbaubarkeit von Tensiden ermittelt. Bereits durch die ersten biologischen Abbauschritte wird das Tensidmolekül so verändert, daß wesentliche Eigenschaften der Ausgangsverbindungen, wie Oberflächenaktivität und – ökologisch besonders wichtig – die aquatische Toxizität reduziert werden.

Großtechnisch eingesetzte Tenside bestehen in der Regel aus einer Vielzahl homologer (in der C-Kettenlänge verschiedener) und eventuell auch isomerer (in unterschiedlichen Positionen der C-Kette, z. B. durch einen Phenylring substituierter) Einzelverbindungen. Infolge dieser verschiedenen Strukturen unterscheiden sich die einzelnen Verbindungen auch in ihren Primärabbau- und Toxizitätseigenschaften, wobei eine Gegenläufigkeit beider Effekte besteht: Die langsamer abbaubaren Einzelverbindungen sind weniger toxisch als die schneller abbaubaren.

Mit der „Totalabbaubarkeit" ist die Degradation der Prüfsubstanz zu Kohlendioxid, Wasser, gegebenenfalls Ammonium, Sulfat oder Phosphat und – für Zellsubstanz-Synthesen (Anabolismus) der Bakterien verwendet – zu oxidierten energieärmeren Abbauprodukten (Kataboliten) gemeint.

Der Totalabbau wird in OECD-Screening-, Inherent- und Simulations-Tests ermittelt. Dieser Abbau wird mit einer Summenparameter-Analyse (DOC-, COD-, O_2-, CO_2-Analyse) verfolgt. Gut abbaubare Tenside sollten unter diesen Bedingungen einen Abbau-/Eliminationsgrad (DOC) von $>60\%$ aufweisen.

Die folgende Abbildung zeigt die gängigen internationalen Prüfverfahren (Abb. 49).

Waschmittel und Umwelt

Prüfverfahren	Analysenmethode	Erklärung
AD-Test	MBAS* (gruppenspezifische Methode für anionische Tenside)	Methylenblau aktive Substanz $CHCl_3$-löslicher Komplex von a-Tensid mit kationischem Farbstoff
	BiAS Wickbold-Analyse (gruppenspezifische Methode für nichtionische Tenside)	Komplex von n-Tensid mit $BaBiJ_4$, potentiometrische Bestimmung
OECD-Screening Test	Gruppenunspezifische Methoden: BSB_n	Biochemischer Sauerstoffbedarf nach n Tagen
GF-Test	CSB	Chemischer Sauerstoffbedarf bei naßchemischer Oxidation
	TOC, DOC	Total bzw. dissolved organic carbon

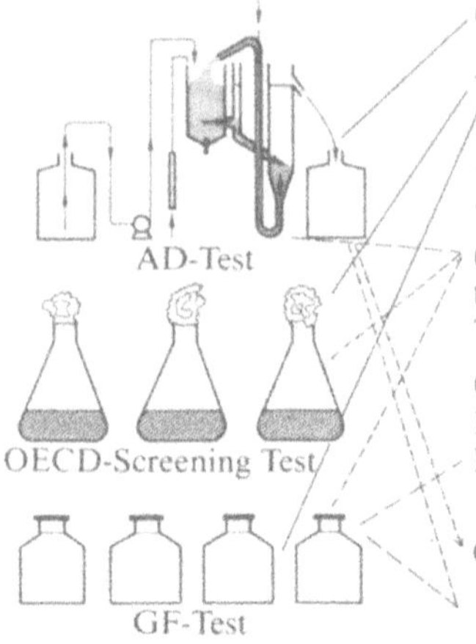

Abb. 49. Prüfverfahren für die biologische Abbaubarkeit

Der amtliche Detergentientest (AD-Test) simuliert hierbei im Labormaßstab den Abbau in einer biologischen Kläranlage. Der OECD-Screening-Test und geschlossene Flaschentest erfaßt die Abbaubedingungen der oberen Schichten eines Gewässers. Bestätigt der Screening oder Auswahltest eine ausreichende Abbaubarkeit nicht, oder bestehen Zweifel an befriedigenden Resultaten, so muß der Bestätigungstest (OECD-Confirmatory-Test) eine verbindliche Entscheidung erbringen. Die Prüfanordnung für den Bestätigungstest gemäß Waschmittelgesetz ist wie folgt (Abb. 50).

Typische Kurvenverläufe zeigt die nächste Abbildung, in der der Abbaugrad gegen die Zeit bei harten und weichen anionischen Tensiden aufgeführt ist. In jedem Fall werden derzeitig mit diesem Meßverfahren der Verlust der spezifischen, ökologisch wichtigen Grenzflächenaktivität als % MBAS bzw. für nichtionische Tenside als % BiAS-Abnahme angegeben. Der Abbauweg wird nicht erfaßt, ebenso fehlt der Nachweis, daß eine Substanz ohne Bildung stabiler oder gar toxischer Substanzen in den natürlichen Kreislauf eingeht. Im Gespräch sind modifizierte und neue Verfahren, die den totalen

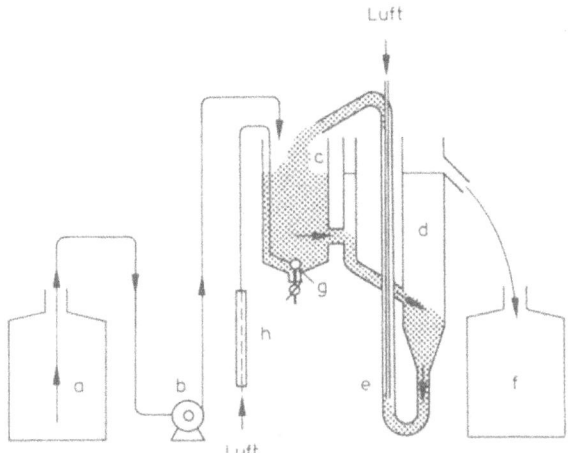

Abb. 50. Prüfanordnung für den Bestätigungstest gemäß Waschmittelgesetz

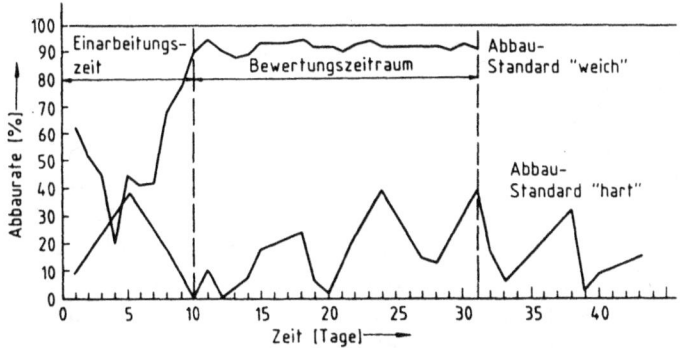

Abb. 51. Berechnung der biologischen Abbaurate nach dem Bestätigungstest

Abbau des organisch gebundenen Kohlenstoffs zu ermitteln erlauben (Abb. 51).
In langwierigen Untersuchungen wurde von der Industrie der Stoffwechselweg der Tenside bestimmt, um über die entstehenden Katabolite und deren ökotoxische Wirkung Auskunft geben zu können. Das LAS als „Arbeitspferd" für die Haushaltswaschmittel ist das am intensivsten untersuchte Produkt. Den Abbauweg stellt man sich heute wie folgt vor, s. Abb. 52.
Diese biochemische Reaktion verläuft in zwei Abschnitten und beginnt an der Alkyl-Kette. Zuerst wird eine terminale CH_3-Gruppe

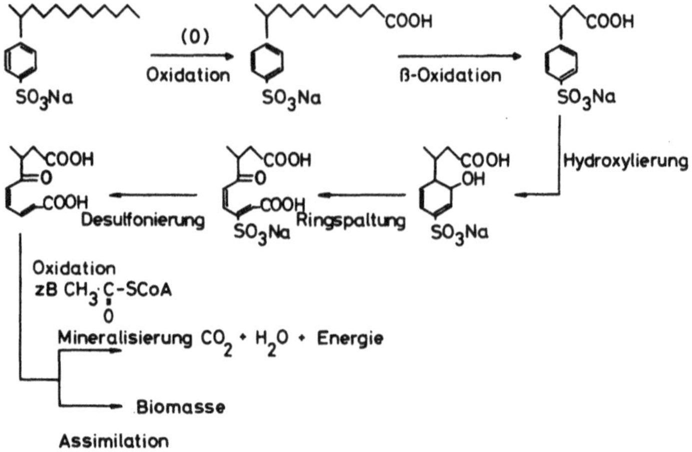

Abb. 52. Der biologische Abbaumechanismus von LAS

zum Carboxyl oxidiert und dann die Alkyl-Kette in C_2-Schritten bis zu einer Verzweigung verkürzt (β-Oxidation). Diese Reaktion läuft sehr schnell (teilweise schon in der Kanalisation noch vor der Kläranlage). Die dabei entstehenden Sulfophenylcarbonsäuren konnten analytisch nachgewiesen werden.
Der zweite Abschnitt, die Ringöffnung, benötigt mehr Zeit. Sie beginnt mit einer Hydroxylierung des aromatischen Ringes, wobei gleichzeitig der Ring geöffnet und desulfoniert wird. Der anschließende Abbau der nun aliphatischen Verbindung läuft wieder wie bei der Alkyl-Kette sehr schnell ab, z. B. als β-Oxidation. Die entstehenden Zwischenprodukte werden entweder völlig mineralisiert oder durch Assimilation zu Zellsubstanz umgesetzt.
Für die weitgehende Abbaubarkeit und damit ökologische Unbedenklichkeit der Tenside spricht der neueste Sachstandsbericht zur aquatischen Umweltverträglichkeit von Tensiden in Wasch- und Reinigungsmitteln des Hauptausschusses Detergentien, einem aus Vertretern der Behörden, Wassergütewirtschaft, Industrie und Hochschulen zusammengesetzten Beratungsgremium der Bundesregierung.
Danach übertreffen alle wesentlichen in Wasch- und Reinigungsmitteln eingesetzten Tenside deutlich den gesetzlich vorgeschriebenen Primärabbau von > 80 %. Mit ihrem Totalabbau von > 60 % erfüllen sie außerdem die Anforderung der OECD an biologisch leicht abbaubare Tenside.

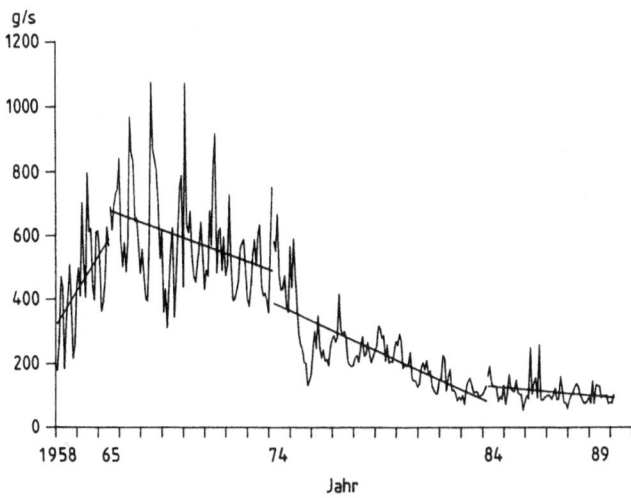

Abb. 53. Tensidfracht im Rhein bei Düsseldorf-Himmelgeist über die Jahre 1958 bis 1987. (P. Gerike et al., Tenside *28*, (1991) S. 86)

Langjährige regelmäßige Untersuchungen in den westdeutschen Flüssen haben ergeben, daß in den letzten Jahren eindeutig eine Verbesserung der Wasserqualität eingetreten ist. Aus dem nächsten Bild ist ersichtlich, daß die Fracht an anionischen Tensiden (MBAS = methylenblau-aktive Substanz) in den Jahren 1958–1964 um etwa 100% im Rhein bei Düsseldorf anstieg. Der damalige Einsatz des harten Tetrapropylenbenzolsulfonat machte sich bemerkbar; 1964 trat die Rechtsverordnung in Kraft. Durch Einsatz des biologisch weichen linearen Alkylbenzolsulfonats verringerte sich die Tensid-Fracht beträchtlich. 1975 erhält Düsseldorf-Süd eine neue Kläranlage, die Frachten sinken erheblich und sind gegenüber den Vorjahren gleichmäßiger verteilt. Das zeigt, daß die Verbesserung nicht nur eine Folge der gesetzlichen Auflagen waren, sondern auch der erheblichen Investitionen der Kommune (Abb. 53).

Auch die Phosphat-Fracht hat in den Jahren 1979 bis 1987 beachtlich nachgelassen, wie aus dem nächsten Bild ersichtlich ist (Abb. 54).

Die aquatische Toxikologie der Waschmittel

Alle Stoffe, die in unsere Gewässer gelangen, können die dort lebenden Organismen – Tiere, Pflanzen, Mikroorganismen – schädi-

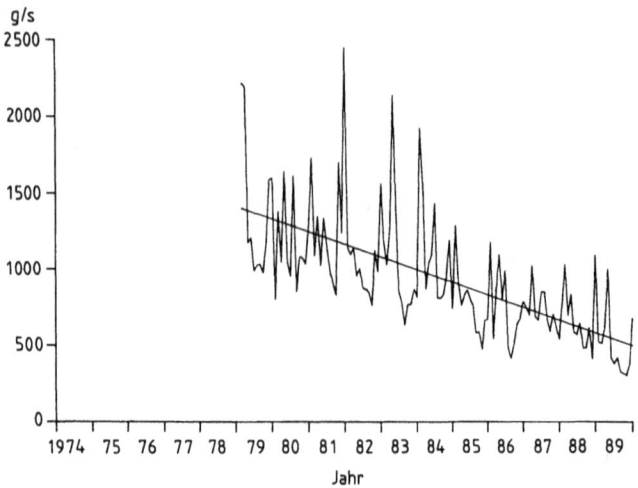

Abb. 54. Gesamtphosphat-Fracht im Rhein bei Düsseldorf-Himmelgeist über die Jahre 1979 bis 1987. (P. Gerike et al., Tenside 28, (1991) S. 86)

gen, wenn ihre Konzentration im Gewässer vergleichbar oder höher ist als diejenige, die bei Langzeitexposition chronische toxische Schäden auslösen kann. Alle Arten von Organismen wie Fische, Krebse, kleine und teilweise unauffällige wie Algen, Bakterien, Insektenlarven usw. spielen eine wichtige Rolle in den ökologischen Wechselwirkungen der Lebensgemeinschaft Wasser.

Andererseits sind artenreiche Lebensgemeinschaften eine wichtige Voraussetzung für eine gute Wasserqualität und wirken sich auf die Trinkwasserversorgung aus. Um das zu gewährleisten, müssen Tests im Labor durchgeführt werden, die gut praktikabel und reproduzierbar die Fähigkeit haben, das Verhalten in der Umwelt realitätsnah nachzustellen. Für die aquatische Toxizität gilt, daß Letaleffekte in Kurzzeittests möglichst durch die chronische und subakute Langzeitwirkung, also die Messung der Giftwirkung kleiner Substanzmengen über einen längeren Zeitraum ergänzt werden sollten. Die heute gebräuchlichen Testverfahren streben dieses Ziel an und sind weitgehend national in DIN-Normen oder OECD- und EG-Richtlinien standardisiert bzw. harmonisiert.

Die Toxizität wird als die akute tödliche (letale) Konzentration $LC_{0,50,100}$ ausgewiesen. Der Index 50 sagt aus, daß bei einer statistisch ermittelten Konzentration 50% der eingesetzten Organis-

men überleben. Der Index 0 bzw. 100 gibt die höchste und niedrigste Konzentration an, bei der alle oder kein eingesetztes Lebewesen überlebt.
Beim Hemmtest wird die Wirkungsbezeichnung EC = Effektive Conzentration angewendet. Aus der Vielzahl der ökotoxischen aquatischen Testverfahren sei hier der Toxizitätstest mit Fischen (Goldorfen Leuciscus idus), die Bestimmung der akuten Toxizität gegenüber Daphnien (Kleinkrebs Daphnia magna), der Algenwachstumstest (Grünalgen), der Bakterienwachstums-Hemmtest (nach Bringmann-Kühn, Pseudomonas putida) neben den beschriebenen Abbautests angeführt. Erwähnenswert ist außerdem der Bioakkumulationstest mit einsömmrigen Karpfen sowie spezielle genetische Methoden wie der Ames-Test.
Angestebt wird ergänzend die Bestimmung der sog. NOEC-Werte (Non Observebal Effect Concentration), die angeben, bei welcher Konzentration keinerlei Beeinträchtigung der Testorganismen auftritt. Eine gebräuchliche Klassifizierung aufgrund eines umfangreichen Zahlenmaterials gestattet folgende Einteilung der akuten Toxizität gegenüber Wasserorganismen:

```
<1       mg/l  hoch bzw. stark toxisch
1–10     mg/l  toxisch
10–100   mg/l  mäßig toxisch
100–1000 mg/l  schwach toxisch
>10000   mg/l  kaum bis nicht toxisch
```

Die im Hauptausschuß Detergentien vertretenen wissenschaftlichen Institutionen von Bund, Ländern und Industrie haben eine Vielzahl von Daten zum Primär- und Totalabbau, zur akuten Ökotoxizität der Tenside und nicht tensidischen Inhaltsstoffen von Wasch- und Reinigungsmitteln zusammengestellt. Aus den umfangreichen Tabellen sind für die wichtigsten Tenside die Testdaten nachfolgend aufgeführt.
Zur wirklichkeitsnahen Deutung der Werte sei noch folgendes festgestellt:
Bei einer ökologischen Bewertung sind unbedingt

- biologische Abbaufähigkeit,
- aquatische Toxizität und
- Verbrauchsmengen und Verteilung in der Umwelt

als wesentliche Kriterien gemeinsam heranzuziehen. Es bilden sich bei einer Wertung des Zahlenmaterials folgende Gesichtspunkte heraus:

1. Tenside

Die Toxizität nimmt mit zunehmender Kettenlänge zu, soweit die Löslichkeit noch ausreicht. Gleichzeitig verbessert sich die Abbaubarkeit. Je näher der Aromatenkern des linearen Alkylbenzolsulfonats am Ende einer Alkylkette sitzt, desto größer ist die aquatische Toxizität. Gleichzeitig steigt jedoch der Abbaugrad an. Verzweigungen in der Kette anionischer Tenside vermindern die aquatische Toxizität. Gradkettige Tenside sind toxischer, aber besser abbaubar. Eine Erhöhung der Anzahl EO-Gruppen bei den nichtionischen Tensiden verringert die aquatische Toxizität und verschlechtert gleichzeitig den Abbau. Die Einführung von PO-Gruppen hat keinen Einfluß auf die aquatische Toxizität, verschlechtert jedoch die Abbaubarkeit. Bei den kationischen Tensiden können aus der Molekülstruktur bisher keine Schlüsse auf die aquatische Toxizität gezogen werden.

Allgemein ist zu sagen, daß Tenside nach dem primären Abbauschritt ohne Schwierigkeiten bis hin zu den Mineralisationsendprodukten CO_2, Na_2SO_4 und Wasser abgebaut werden. Das aber trifft bei einem früher wegen der ausgezeichneten anwendungstechnischen Eigenschaften gerne als Emulgator und in Waschmitteln verwendeten Tensidtyp, den Alkylphenolpolyglykolethern (APEO) nicht zu. Nach einem anfänglich guten Primärabbau bilden sich Katobolite, die weniger gut abbaubar und fischtoxischer sind als die Ausgangsverbindungen. Die Chemische Industrie hat daher in einer freiwilligen Vereinbarung festgelegt, in einer gestuften Zeitstaffel auf den Einsatz dieser Tenside zu verzichten, obwohl keine konkreten Umweltschäden bekannt geworden sind.

Dabei ist die Feststellung wichtig, daß der Verlust der aquatischen Toxizität schon mit dem Primärabbau und nicht etwa erst mit dem Endabbau korreliert (Ausnahme: Nonylphenolethoxylate).

Aus der Vielzahl von Untersuchungen aus den verschiedensten Laboratorien ist als unterste Grenze chronischer Langzeitwirkung und Wirkung auf komplexe Lebensgemeinschaften eine Konzentration von 0,2 bis 0,5 mg/l abzuleiten. Die langjährigen Untersuchungen von Tensidkonzentrationen in den deutschen Flüssen der alten

Bundesrepublik zeigen, daß in der Regel die Werte deutlich unter 0,1 mg/l MBAS und BiAS liegen und damit noch unter der Grenze für chronische toxische Wirkungen bei Langzeitexponierung.

2. Nichttensidische Wasch- und Reinigungsmittel-Inhaltsstoffe

Nachfolgend werden die bekannten ökologisch relevanten Eigenschaften der nichttensidischen Wasch- und Reinigungsmittel-Inhaltsstoffe kommentiert. Hierbei ist zu bedenken, daß hierfür keine gesetzlich vorgeschriebenen Methoden zur Bestimmung der Primärabbaubarkeit mit Hilfe von substanz- oder substanzklassenspezifischer Analysemethoden existieren. Bei den anorganischen Inhaltsstoffen erübrigt sich die Frage nach der biologischen Abbaubarkeit. Effekte wie Adsorption, abiotischer Abbau (Hydrolyse, photochemische Oxidation), Fällung usw. führen meistens zu einer völligen Eliminierung aus dem Wasser.

Die Waschmittelphosphate ergeben keine Probleme für die Oberflächenwasser. Die P-Elimination in konventionellen Kläranlagen beträgt 20–40%, die der 3. Reinigungsstufe (Phosphatfällung) 80 bis über 90%. Die Phosphate können praktisch als ungiftig eingestuft werden. Das wasserunlösliche Ersatzprodukt Na-Al-Silikat, Zeolith A, wird in den Kläranlagen zu etwa 95% eliminiert, negative Einflüsse auf die Reinigung der kommunalen Abwässer oder Klärschlammbehandlung wurden nicht festgestellt. Die Polycarboxylate (Acryl/Maleinsäure Copolymere) werden als wasserunlösliche Calciumsalze ausgeschieden (über 90%). Die akute aquatische Toxizität liegt über 200 mg/l, und weist demnach kein Gefährdungspotential für den Lebensraum Wasser auf. Phosphonsäuren bzw. Phosphonate haben ebenfalls LD 50 und EC 50-Werte um 200 und 200–500 mg/l, also auch eine geringe akute Toxizität. Eine Schwermetallremobilisierung wurde wegen der praxisnahen niedrigen Konzentration nicht beobachtet. Perborat wird zum Borat in der Waschlösung hydrolisiert. Dieses hat mit um 800 mg/l eine geringe Toxizität. Das gleiche gilt für Percarbonat.

Tetraacetylethylendiamin (TAED) zerfällt in der Waschlauge mit der Perverbindung in Peressigsäure und Diacetylethylendiamin, DAED. Erstere wird zur Essigsäure reduziert. TAED and DAED sind gut abbaubar, keine Toxizität. Die ebenfalls untersuchten Hilfsstoffe Natriumsulfat, Cumol/Toluolsulfonat, Carboxymethylcellulose

Tabelle 23. Umweltrelevante Daten aus dem Sachstandsbericht des Hauptausschuß Detergentien

Tensidtyp	Biologische Abbaubarkeit primäre biol. Abbaubarkeit: MBAS- bzw. BIAS-Abnahme im OECD-Screening-Test	Totalabbaubarkeit C-Abnahme im Coupled Units Test	akute Toxizität gegen Wasserorganismen in mg/l		
			Fische LC_{50}	Daphnien LC_{50}	Mikroorganismen EC_{10}
LAS/C_{10}–C_{13}, ($\varnothing = C_{11,6}$)	95%	73–93%	3–10	8,9–14	10–300 (Algen) 50 (Bakterien)
Sek. Alkansulfonat (C_{13-18})	96%	83–96%	3–24	8,7–13,5	–
Alkoholsulfate (C_{12-18}-Fettalkohol-S. C_{12-15} Oxoalkohol-S.)	99%	94–99%	3–20	5–70	60 (Algen)
Alkoholethersulfate (C_{12-18}-Fettalkohol +2E0-S. C_{12-15}-Oxoalkohol + 3E0-S.)	98–99%	67–99%	1,4–20	1–50	65 (Algen)
α-Olefinsulfonate (C_{14-18})	99%	70–78%	2–20	5–50	10–100 (Algen)
α-Methylestersulfonate	99%	98%	0,5–5,0	7–40	3,0 (Algen)

Tabelle 23 (Fortsetzung)

Tensidtyp	Biologische Abbaubarkeit primäre biol. Abbaubarkeit: MBAS- bzw. BIAS-Abnahme im OECD-Screening-Test	Totalabbaubarkeit C-Abnahme im Coupled Units Test	akute Toxizität gegen Wasserorganismen in mg/l		
			Fische LC_{50}	Daphnien LC_{50}	Mikroorganismen EC_{10}
Seife	entf.	keine Daten im C.U.-Test Geschlossener Flaschentest: Na-Salz: 90% BSB/CSB Ca-Salz: 60% BSB/CSB	Abhängig von der Wasserhärte 0°d: 6,7 23°d: 150	–	–
Fettalkoholpolyglycolether bis 14 E0	96–99%	95–96%	sehr stark abhängig von C-Kettenlänge und E0-Zahl 0,25–40	2–20	4–50 (Algen)
Alkohol-E0/P0-Addukte (2–5 E0 bis 4 P0)	90%	60%	0,7–5,7	2,4–6,0	–
Endgruppenverschlossen (C_{12-14}-Fettalkohol + 9 E0-Butylether	98%	88%	0,5–4,6	1–2	0,3 (Algen) 0,1 (Bakterien)
Alkylolamide (C_{12-14} + 4 E0)	entf.	61–87%	4–20	2–100	–
DStMAC (QAV)	94% (DSBAS-Abn.)	ca. 100	1–6	0,1–1,0	–

(CMC), Enzyme, optische Aufheller, Silikate sind entweder gut abbaubar oder weisen bezüglich ihrer Toxizität unter Berücksichtigung der im Lebensraum Wasser gefundenen Konzentrationen keine nachteiligen Effekte auf. Nitrilotriacetat (NTA) soll hier nicht behandelt werden, da nach der Empfehlung des Hauptausschuß „Phosphat und Wasser", die Einsatzmenge in Haushaltswaschmitteln auf zumindest 25 000 t/anno zu reduzieren, dieser Komplexbildner von der Industrie aus den Formulierungen herausgenommen worden ist. Das gleiche gilt für Ethylendiamintetraacetat (EDTA).

Humantoxikologie

Tenside kommen auf vielfältige Weise mit dem Menschen in Berührung. Neben dem beabsichtigten Kontakt bei bestimmungsgemäßer Verwendung können auch unbeabsichtigte Schäden bei Unfällen oder im Umweltbereich auftreten. Ziel toxikologischer Untersuchungen ist es, Schadwirkungen zu erkennen, um das Risiko für die Gesundheit des Menschen abzuschätzen und eventuelle Gefahren abwenden zu können. Eine Abschätzung des tatsächlichen Risikos wird aber erst möglich, wenn Art, Dauer und Häufigkeit des Kontaktes in die Überlegungen mit einbezogen werden. Alle toxikologischen Effekte von Tensiden lassen sich auf deren biochemische Eigenschaften zurückführen.
Die toxischen Eigenschaften von Tensiden beruhen weitgehend auf ihren Wechselwirkungen mit Membranen, Proteinen und Enzymen. Durch Adsorption bzw. Komplexbildung können Tenside die Struktur von Zell- und Gewebsbestandteilen verändern. Das alles führt zu reversiblen und irreversiblen Gewebsschädigungen, die als Hautschädigung beobachtet werden. Andererseits werden die gleichen Wirkungen jedoch auch pharmazeutisch ausgenutzt, z.B. bei der Verwendung bestimmter Tenside zur Erhöhung der Penetration von Wirkstoffen durch die Haut.
Die Wechselwirkungen zwischen anionischen Tensiden und Proteinen bewirkt eine Quellung der Hornschicht der Haut. Bei intensivem Kontakt mit der Haut können Tenside aller Gruppen in Abhängigkeit von der Konzentration und der Dauer der Einwirkung lokal schädigend wirken. Ihre emulgierenden Eigenschaften entfernen teilweise den natürlichen Lipidfilm, schwächen die Barrierefunktion

der Haut und erhöhen deren Durchlässigkeit für Wasser und für Fremdstoffe. Schädliche Einflüsse von Tensiden, insbesondere bei langandauerndem oder wiederholtem Kontakt, äußern sich in Trokkenheit, Rauhigkeit und Schuppenbildung der Haut. Bei längerer Einwirkung konzentrierter Lösungen können auch Entzündungen (Rötung und Schwellung) auftreten.

Um möglichst wenig Tierversuche durchführen zu müssen, hat man für die Untersuchung der Hautverträglichkeit von Tensiden physikalisch-chemische Messungen entwickelt wie den Zein-Test oder Quellungsmessungen an isolierter Haut sowie an Zell- oder Gewebekulturen. Für Verträglichkeitsuntersuchungen unter den normalen Bedingungen des Umgangs sind Versuche mit konzentrierten Tensidlösungen, d. h. unter extremen Bedingungen wenig aussagekräftig. Die Nichtbeachtung dieser Sachverhalte führt oft zu Fehlinterpretationen über die Verträglichkeit von Tensiden. Im allgemeinen gilt für die Reizwirkung von Tensiden an der Haut die Rangfolge nichtionische < anionische = amphotere < kationische Tenside. Als besonders gut hautverträglich gilt die in jüngerer Zeit entwickelte Gruppe der Alkylpolyglycoside.

Wegen der fehlenden Hornschicht sind Schleimhäute gegenüber chemischen Reizen wesentlich empfindlicher als die Haut. Sie finden sich am Auge (Bindehaut), im Mund, Rachen und in der Speiseröhre, im Magen-Darm-Trakt sowie im Uro-Genital-Bereich. Bedingt durch ihren unterschiedlichen histologischen Aufbau weisen diese Schleimhäute deutlich unterschiedliche Reaktionen gegenüber Tensiden auf. Am empfindlichsten reagieren die Schleimhäute des Auges. Die Testung von Tensiden am Auge von Versuchstieren ist eine heute besonders umstrittene aber noch gesetzlich vorgeschriebene Prüfung, um das Gefahrenpotential beim versehentlichen Kontakt von Tensiden mit dem menschlichen Auge abschätzen und entsprechende Vorsichtsmaßnahmen ergreifen zu können.

Neben der lokalen Reizwirkung können Tenside bei Hautkontakt eine sog. Kontaktallergie, d. h. eine Überempfindlichkeit der Haut (Sensibilisierung) hervorrufen. Bekannte Symptome sind Juckreiz, Exanthem und Ekzem. Die meisten Kontakte des Menschen gegenüber Tensiden ergeben sich mit Körperpflegemitteln, aber auch durch das manuelle Geschirrspülen, durch die Handwäsche sowie durch die Benutzung von Haushaltsreinigungsmitteln.

Dabei ist es wichtig, die Mengen, die in den Organismus gelangen, abschätzen zu können. Es ist festzuhalten, daß zwar graduelle

Unterschiede zwischen den verschiedenen Tensidklassen in der Fähigkeit zur Penetration durch die Haut bestehen; die absoluten Mengen an absorbierter Substanz, insbesondere unter Berücksichtigung der unter normalen Bedingungen kurzen Kontaktzeiten, sind aber so gering, daß sie aus toxikologischer Sicht in der Regel vernachlässigt werden können. Allerdings gilt dies nur für die intakte Haut; an geschädigter Haut kann die Resorption stark ansteigen.

Als Quellen für eine regelmäßige orale Aufnahme von Tensiden kommen in Frage: Die Benutzung von Zahn- und Mundpflegemitteln, Spuren von Tensiden im Trinkwasser, Rückstände auf mit Tensiden behandelten Lebensmitteln sowie Reste von Spülmitteln auf Eßgeschirr. Man schätzt, daß Tenside so in einer Größenordnung von 0,3–3 mg/Tag aufgenommen werden können. Diese Mengen liegen aber weit unterhalb der zur Auslösung toxischer Effekte erforderlichen Dosierungen. Die akute orale Toxizität von Tensiden ist im allgemeinen sehr gering. Die LD_{50}-Werte für anionische und nichtionische Tenside liegen in der Regel in einem Bereich von mehreren hundert bis mehreren tausend Milligramm pro Kilogramm Körpergewicht. Dies entspricht einer Größenordnung, in der sich z. B. auch Kochsalz befindet. Die wichtigsten toxischen Effekte nach Verschlucken von Tensiden sind lokale Reizungen an den Schleimhäuten der oberen Speisewege und des Gastrointestinaltraktes. Um in Erfahrung zu bringen, wie die wiederholte Exposition kleiner Dosierungen über lange Zeiträume auf den Organismus wirkt, wurden Vertreter aller wichtigen Tensidgruppen auf ihre chronische Toxizität untersucht.

Ebenso wurden Langzeitversuche mit Applikationen von Tensiden auf die Haut durchgeführt.

Insgesamt belegen die Untersuchungen eine geringe chronische Toxizität von Tensiden. An einem Beispiel wurde errechnet, daß die im Tierexperiment schädigungslos vertragenen Dosierungen um einen Faktor von mindestens Tausend über der maximal für den Menschen abgeschätzten täglichen Tensidaufnahme liegen.

Unter irreversiblen Schädigungen versteht man das Risiko von Veränderungen am Erbgut (Gentoxizität, Mutagenität), die mögliche Verursachung von Krebs (Kanzerogenität) sowie die Schädigung des ungeborenen Lebens (Embryotoxizität). Praktisch alle heute verwendeten Tensid-Gruppen wurden in zahlreichen Testsystemen auf gentoxische Eigenschaften untersucht, jedoch wurden keine Hinweise auf ein mutagenes Risiko für den Menschen beim Umgang mit

Tensiden gefunden. Prüfungen der Mutagenität geben Hinweise auf ein mögliches kanzerogenes Potential, das sich aber nur durch spezifische tierexperimentelle Untersuchungen untermauern läßt. Keine der vielen Untersuchungen mit Tensiden ließ ein kanzerogenes Risiko für den Menschen erkennen.

Aufsehen erregte vor einiger Zeit die Behauptung, daß Spuren von Dioxan in Ethersulfaten, in Körperpflegemittel eingesetzt, ein Krebsrisiko für den Verbraucher darstellten. Dioxan entsteht in geringen Mengen bei der Herstellung dieser Rohstoffe. Als reine Substanz kann es in extrem hoher Dosierung im Tierexperiment Krebs auslösen. Allerdings ist eindeutig nachgewiesen, daß dieser Effekt dosisabhängig ist und nur unter extremen Bedingungen im Experiment beobachtet wird. Ein Risiko für den Anwender tensidhaltiger Produkte, die Spuren von Dioxan in der z. Zt. auch technisch unvermeidbaren Größenordnung enthalten, besteht nicht.

Schädigungen des mütterlichen Organismus durch Tenside während einer Schwangerschaft mit den Folgen einer verzögerten Entwicklung oder Absterben des Embryos wurden nicht beobachtet. Untersuchungen gaben keine Hinweise auf embryotoxische Eigenschaften von Tensiden.

Als zusammenfassende Risikoabschätzung für den Menschen ist zu sagen, daß bei bestimmungsgemäßer Verwendung, d. h. in der Regel kurzzeitigem Kontakt, die tensidhaltigen Produkte gut hautverträglich sind. Durch die entfettende Wirkung der Tenside kann es bei intensiver Hautpflege zu Hautschädigungen kommen. Allergien, die durch tensidhaltige Wasch- und Reinigungsmittel und Kosmetika verursacht werden, sind jedoch sehr selten. Schädigungen der Haut durch Tensidrückstände auf der Wäsche wurden nicht beobachtet. Am Auge können sie in Abhängigkeit von der Konzentration Reizungen auslösen, die aber meist reversibel sind. Die üblichen Anwendungskonzentrationen rufen allenfalls minimale Reizungen hervor, die aber schnell abklingen.

Nach versehentlichem Verschlucken verursachen tensidhaltige Haushaltsprodukte praktisch nie ernste Schädigungen, soweit stark saure oder alkalische Lösungen bzw. organische Lösungsmittel außer Betracht gelassen werden. Die oralen LD_{50}-Werte liegen durchweg im Bereich von mehreren Gramm pro Kilogramm Körpergewicht. Dies bedeutet, daß es praktisch unmöglich ist, sich mit diesen Produkten eine ernste Vergiftung zuzuziehen, was auch die Statistik der Vergiftungszentralen beweist. Geht man von einer maximalen täglichen Aufnahme von ca. 3 mg pro Person aus, so errechnet sich für einen 60 kg schweren Menschen eine Dosis von 0,05 mg/kg Körpergewicht. Bei Untersuchungen der chronischen Toxizität von Tensiden wurden meist schädigungslos tolerierte tägliche Dosierungen von mehreren 100 bis zu mehreren 1000 mg/kg Körpergewicht gefunden. Daraus ergeben sich Sicherheitsfaktoren von weit über 1000. Es fehlen Hinweise auf irreversible Schäden. Unter normalen Bedingungen können die über die Haut sowie mit der Nahrung und dem Trinkwasser aufgenommenen Tensidmengen als unschädlich betrachtet werden.

Ökowaschmittel

Vorwiegend in den Ökoläden werden inzwischen Waschmittel angeboten, bei denen mit Schlagworten und oft wissenschaftlich unrichtigen Argumenten dem Konsumenten vorgegaukelt wird, daß er mit diesen Produkten die Umwelt nicht oder nur wenig belastet. Oft wird mit der Bezeichnung „Bio-Produkt, Naturprodukt, natürliche Seife, Ökoprodukt, hergestellt aus natürlichen Rohstoffen, umweltschonend" usw. geworben. Auch die Aussage „Chemiefreies Produkt" wird irreführend benutzt.
Wie schon ausgeführt, belasten mehr oder minder alle Wasch- und Reinigungsmittel unser Abwasser und die Umwelt.
Bei den Tensiden, als wichtigste Komponente der Waschmittel, ist gesetzlich geregelt, daß durch die biologische Abbaubarkeit keine nachteilige Beeinflussung für Mensch und Umwelt zu befürchten ist. Diese Regelung hat eine durch die langjährige Praxis und wissenschaftliche Untersuchungen festgelegte Begrenzung. Diese fordert im Primärabbau eine Mindestrate von 80%. Gemessen wird nach dem OECD-Screening bzw. Confirmatory-Test.
Es hat sich leider eingebürgert, daß Waschmittel-Produzenten mit höheren Abbauraten argumentieren, obwohl die Zahl als solche keine endgültige Aussage über das Umweltverhalten macht, sondern lediglich den Abbaugrad unter den gewählten Bedingungen nach 19 Tagen angibt; der Abbau geht natürlich unter entsprechenden Voraussetzungen weiter.
Auch darf nicht vergessen werden, daß neben der biologischen Abbaubarkeit für eine realistische ökologische Bewertung der Tensi-

de auch andere Kriterien wie die aquatische Toxizität der Produkte selbst und ihre Kataboliten, die Verbrauchsmengen, die Verteilung in der Umwelt, der Herstellprozeß, die Rohstoffbasis und ihre Verfügbarkeit u. a. berücksichtigt werden müssen. Wissenschaftliche Gremien diskutieren die Möglichkeit, durch Einbeziehung dieser und anderer Parameter die Transparenz der echten Umweltbelastung durch Waschmittel zu verbessern.

Das alles darf nicht die Notwendigkeit mindern, weiter an der Entwicklung zu arbeiten, noch bessere, d. h. schneller mineralisierbare Tenside und andere Inhaltsstoffe herzustellen, die die Belastung der Umwelt so klein wie möglich halten.

Mit der Chemie allerdings werden diese Produkte immer etwas zu tun haben, da sie durch chemische Reaktionen entstehen. So wird der Waschgang auch immer auf einen Kompromiß hinauslaufen: „Soviel wie unbedingt nötig, so wenig wie möglich!"

Auch die Seife ist in diesem Zusammenhang keine Patentlösung. Ihre Härteempfindlichkeit gegen Calcium- und Magnesiumionen erfordert eine höhere Dosierung, weil ein Teil der Waschkraft durch die ausgefällten Erdalkaliseifen verloren geht. Diese wiederum können sich auf der gewaschenen Wäsche oder in der Waschmaschine ablagern.

Es bleibt abzuwarten, ob die Fettchemie, also aus nachwachsenden Rohstoffen hergestellte Derivate, für den Waschprozeß in Zukunft einen noch stärkeren Einfluß nimmt. Hier wird als Vorteil angeführt, daß alles was die Natur durch Stoffwechsel bildet, durch biologischen Metabolismus, Veratmung oder Mineralisierung wieder vollständig abgebaut wird und keine Anpassungsmechanismen der Bakterien erforderlich sind. Außerdem spricht angeblich eine Öko-Bilanz (Energieverbrauch bei der Herstellung/CO_2-Generierung) für fettchemische Produkte.

Wieweit sich neuere Entwicklungen wie etwa die Alkylpolyglykoside neben den Fettalkoholsulfaten und den Estersulfonaten als bedeutende Alternative für petrochemische Rohstoffe, durchsetzen, bleibt abzuwarten.

Die groß propagierten Molkeprodukte jedenfalls sind nur als Episode in der Entwicklung neuer Tenside anzusehen.

Ausblick

Wie etwa kann die Entwicklung der Waschmittel und ihrer beeinflussenden Parameter weitergehen?

Textilien. Es ist zu erwarten, daß der Anteil waschbarer Oberbekleidung weiter ansteigt. Baumwolle wird wegen der ausgezeichneten Eigenschaften und des ausgewogenen Preis-Leistungsverhältnisses mit einem Anteil von etwa 50 % die wichtigste Faser auf dem Markt sein. Kombinationen aus Baumwolle und Synthesefasern werden, dem jeweiligen Modetrend entsprechend, einem verbesserten Trage- und Pflegekomfort Rechnung tragen. Vor dem Hintergrund eines weiter wachsenden Umweltbewußtseins kann dieser positive Trend zu Lasten der Chemischen Reinigung gehen.

Waschmaschinen. Die Trommelwaschmaschine bleibt wegen ihrer guten Waschleistung bei geringem Wasser- und Energieverbrauch das Waschgerät der Zukunft. Durch eine gezielte Entwicklung wurde der Energieverbrauch für 4,5 kg Haushaltswäsche von etwa 3 kWh auf etwa 2 kWh, der Wasserverbrauch von etwa 120 l auf weniger als 100 l gesenkt. Eine weitere Absenkung ist möglich.
Die Spülprogramme werden weiter optimiert, die automatische Dosierung wird sich durchsetzen.

Waschmittel. Bei den Flüssigwaschmitteln ist eine Zunahme der Marktanteile zu erwarten. Ob hier Seife als Builder eingesetzt wird oder Phosphat und Zeolith, bleibt abzuwarten. Sicher aber gehört ein builderhaltiges flüssiges Waschmittel zu den Produkten der Zukunft. Bei den Waschpulvern werden, schon wegen des hohen Anteils von synthetischen Textilien oder Mischgeweben, die Feinwaschmittel zunehmen. Auch die Waschpulver-Konzentrate werden Marktanteile gewinnen. Das lineare Alkylbenzolsulfonat und wohl im verstärkten Maße auch Fettalkoholsulfat werden als anionische Waschaktiv-Substanzen eingesetzt. Bei den nichtionischen Tensiden kommen mehr niedrig-ethoxylierte Fettalkohole (Fettauswaschbarkeit bei niedriger Temperatur) zum Einsatz. Durch eine freiwillige Vereinbarung wird seit einigen Jahren auf die Verwendung von Alkylphenolpolyglykolethern in Wasch- und Reinigungsmitteln für Haushalt, Gewerbe und Industrie verzichtet. Alkylpolyglykoside haben große Chancen, wegen der guten Wascheigenschaften als völlig auf nachwachsenden Rohstoffen basierendes Tensid, in flüssigen und pulverförmigen Waschmitteln eingesetzt zu werden. Ob ein Zurück zu den Phosphaten als Builder möglich und angebracht ist, bleibt abzuwarten. Die phosphatfreien Waschmittel haben sich in Europa gut eingeführt. Als Co-Builder haben NTA oder gar EDTA keine Bedeutung, es werden vornehmlich Polycarboxylate verwendet. Hier allerdings ist der Einsatz von Produkten mit besserer Umweltverträglichkeit zu erwarten. Bei den Bleichmitteln könnten Perborat-Monohydrat das bisher eingesetzte Tetrahydrat ersetzen (Waschpulverkonzentrat, niedrige Waschtemperatur). Percarbonate sind in stärkerem Maße im Gespräch. Als Bleichaktivator dürfte TAED kaum durch eine andere Chemikalie ersetzt werden. Zur Schauminhibierung werden die langkettigen Seifen (Behenate) zugunsten von Silikonölen oder Paraffinen an Bedeutung verlieren. Enzyme vom Typ Proteasen werden als Hilfsstoffe in den Waschmitteln weiter verwendet. Lipasen oder Cellulasen dürften im jetzigen Entwicklungsstadium in ihrem Wirkungsspektrum nicht mit den Tensiden konkurrieren können. Deren Preis-Leistungsverhältnis ist zur Zeit noch günstiger, gleich in welche Richtung die Entwicklung und der Markttrend gehen. In sehr hohem Maße werden Fragen der Umweltrelevanz wie biologischer Totalabbau, Toxizität, Akkumulation in der Umwelt, Langzeitwirkungen usw. bestimmende Faktoren sein.

Gesetz über die Umweltverträglichkeit von Wasch- und Reinigungsmitteln (Wasch- und Reinigungsmittelgesetz – WRMG)

Neben den im historischen Überblick tabellarisch aufgeführten nationalen Bestimmungen und Gesetzen (Bundesrecht) zum Schutz von Menschen und Umwelt soll kurz auf die Inhalte der die Wasch- und Reinigungsmittel tangierenden wichtigsten Verordnungen eingegangen werden.
Die Waschmittelgesetzgebung in der Bundesrepublik Deutschland geht zurück auf das Jahr 1959. Im heißen Sommer dieses Jahres bildeten sich auf den Flüssen riesige Schaumberge an Wehren und Schleusen in einem solchen Ausmaß, daß die Schiffahrt gestört wurde. Verursacher der Schaumberge was das Tetrapropylenbenzolsulfonat (TPS), ein sogenanntes „hartes" Tensid, das eine verzweigtkettige, sperrige Struktur aufwies und biologisch nur schwer abbaubar war. Seine in der Waschmaschine erwünschten Eigenschaften schadeten den Gewässern. Gesetzgeber und Industrie handelten kooperativ und schnell:

- Der Hauptausschuß Detergentien wurde gegründet, dem Experten der Wasserwirtschaft, der waschrohstoff- und waschmittelherstellenden Industrie, der Behörden und der Hochschulen angehörten und der noch heute das BMU in aktuellen Tensid- und Waschmittelfragen als unabhängiges Sachverständigengremium unterstützt.
- Die Industrie entwickelte ein „weiches" Tensid, das lineare Alkylbenzolsulfonat (LAS), das wegen seiner geradkettigen Struktur sehr viel leichter abbaubar war als TPS und noch heute das weitaus wichtigste anionische Tensid darstellt. Die Schaumberge verschwanden, die Konzentration von anionischen Tensiden in Abwässern reduzierte sich auf ein Minimum.
- Die Bundesrepublik Deutschland erhielt als erstes Land der Welt im Jahre 1961 das sogenannte Detergentiengesetz, das den Einsatz schwer abbaubarer Tenside verbot.

- In einer 1964 erlassenen Rechtsverordnung wurde festgelegt, daß Wasch- und Reinigungsmittel nur noch dann in den Verkehr gebracht werden dürfen, wenn die darin enthaltenen anionischen Tenside zu mindestens 80% biologisch abbaubar sind.

Erst im Jahre 1973 wurden die ersten Richtlinien der EG erlassen, die, zumindest was die Abbaubarkeit der Tenside anbelangt, inzwischen von allen Mitgliedstaaten der EG in nationales Recht umgesetzt wurden.

In der Bundesrepublik Deutschland wurde im Jahre 1975 das Detergentiengesetz aus dem Jahre 1961 erstmals in folgenden Schwerpunkten novelliert:

- Die Forderung nach einer biologischen Mindestabbaubarkeit von 80% wurde auch auf nichtionische Tenside ausgedehnt.
- Für die Verwendung von Phosphaten wurden bestimmte Höchstmengen festgelegt, die heute bei rund 25% liegen.
- Für die Beschriftung und Verpackung der Wasch- und Reinigungsmittel wurden bestimmte Vorschriften erlassen.
- Für alle Wasch- und Reinigungsmittel, die in der Bundesrepublik Deutschland in den Verkehr gebracht werden, waren beim UBA sogenannte Rahmenrezepturen zu hinterlegen.

Anfang der 80er Jahre wurden erneut Forderungen nach einer Novellierung des damaligen Waschmittelgesetzes laut, die letztlich dazu führten, daß die Bundesregierung Mitte 1985 den Entwurf einer Novelle zum Waschmittelgesetz 1975 vorlegte, die am 1. Januar 1987 in Kraft getreten ist. Die aus Sicht der Industrie wesentlichen Neuerungen sind nachstehend kommentiert:
Es werden nicht nur die Wasch- und Reinigungsmittel im engeren Sinne erfaßt, sondern auch die verwendeten Produkte für die Textil-, Leder-, Pelz- sowie Papierindustrie. Die Definition wird dementsprechend weiter gesetzt und umfaßt Erzeugnisse, „die zur Reinigung bestimmt sind oder bestimmungsgemäß die Reinigung unterstützen und erfahrungsgemäß nach Gebrauch in Gewässer gelangen können." Außerdem erfordert eine differenzierte Kennzeichnungspflicht Angaben über die Wirkstoffgruppen und Inhaltsstoffe, abgestufte Dosierempfehlungen in 4 unterschiedliche Härtebereiche und Anga-

ben über die Umweltverträglichkeit. Dazu müssen die Anmeldenummern beim Umweltbundesamt angegeben werden.

Härtebereich 1	bis 1,3 mMol Ca^{2+} Gesamthärte je Liter
Härtebereich 2	1,3–2,5 mMol Ca^{2+} Gesamthärte je Liter
Härtebereich 3	2,5–3,8 mMol Ca^{2+} Gesamthärte je Liter
Härtebereich 4	über 3,8 mMol Ca^{2+} Gesamthärte je Liter

Chemikaliengesetz

Das Chemikaliengesetz, 1982 als eine Umsetzung einer EG-Richtlinie in Kraft getreten, soll im weiteren Sinne den Menschen und seine Umwelt vor den schädlichen Einwirkungen gefährlicher Stoffe schützen. Als gefährlich werden Produkte bezeichnet, die giftig, ätzend, reizend, explosionsgefährlich, brandfördernd, entzündlich, krebserzeugend, erbgutschädigend sind und sonstige chronisch schädigende Eigenschaften haben.
Einige dieser Eigenschaften treffen auch auf einige Tenside zu. Sie sind daher, sehr zum Leidwesen der Tensidhersteller, als gefährliche Stoffe im Sinne des Chemikaliengesetzes einzustufen. Das Gesetz regelt speziell das Inverkehrbringen neuer Produkte und legt hier, bezüglich der Untersuchungen über schädliche Wirkungen, Empfehlungen über Vorsichtsmaßnahmen bei der Verwendung, genaue Prüfnachweise usw. nach einem 3-Stufenplan in Abhängigkeit von der jährlich in den Verkehr gebrachten Menge vor.

Regelung zum Schutz von Mensch und Umwelt

Die wesentlichen Gesetze für Herstellung und Verwendung von Tensiden

Bundesrecht

- Gesetz zum Schutz vor gefährlichen Stoffen (Chemikaliengesetz) – ChemG –
  vom 16.09.80
  BGBl. I, S. 1718

- Verordnung über gefährliche Stoffe (Gefahrstoffverordnung) – GefStoffV –
  a) vom 26.08.86 BGBl. I, S. 1470, zuletzt geändert durch Verordnung vom 16.12.87, BGBl. I, S. 2721
  b) Verordnung mit Anhängen: Deutscher Bundes-Verlag, Postfach 12 03 80, 5300 Bonn 1

- Gesetz über die Umweltverträglichkeit von Wasch- und Reinigungsmitteln (Wasch- und Reinigungsmittelgesetz)
  Waschmittelgesetz vom 20.08.75
  BGBl. I, S. 2255
  zuletzt geändert durch Gesetz vom 19.12.86
  BGBl. I, S. 2615

- Verordnung über die Abbaubarkeit anionischer und nichtionischer grenzflächenaktiver Stoffe in Wasch- und Reinigungsmitteln (Tensidverordnung) – TensV –
  vom 30.01.77
  BGBl. I, S. 244
  geändert durch VO vom 04.06.86
  BGBl. I, S. 851

Regelung zum Schutz von Mensch und Umwelt 125

– Verfahren zur Bestimmung des Phosphatgehaltes in Wasch- und Reinigungsmitteln	vom 01.02.81 GMBl., S. 107
– Meßverfahren zur Bestimmung der biologischen Abbaubarkeit von anionischen und nichtionischen synthetischen Tensiden in Wasch- und Reinigungsmitteln	vom 30.01.77 Anlage zum BGBl. I, S. 245
– Dritte Verordnung zur Änderung der Verordnung über die Abbaubarkeit anionischer und nichtionischer grenzflächenaktiver Stoffe in Wasch- und Reinigungsmitteln	vom 04.06.86 BGBl. I, S. 851
– Verordnung über Höchstmengen für Phosphate in Wasch- und Reinigungsmitteln (Phosphathöchstmengenverordnung) – PHöchstMengV –	vom 04.06.80 BGBl. I, S. 664
– Lebensmittel- und Bedarfsgegenstände-Gesetz	vom 15.08.74 BGBl. I, S. 1945 ber. 1975, S. 2652
– Gesetz zur Änderung des Lebensmittel- und Bedarfsgegenstände-Gesetzes	vom 24.08.76 BGBl. I, S. 2445
– Verordnung über kosmetische Mittel (Kosmetikverordnung)	vom 16.12.77 BGBl. I, S. 2589 i.d.F.d. Bek. vom 19.06.85 BGBl. I, S. 1082 zuletzt geändert durch Verordnung vom 02.12.1988, BGBl. I, S. 2206

Gesetze, die auch den Tensidbereich tangieren

Bundesrecht

– Gewerbeordnung	vom 21. 06. 69 in der Fassung v. 01. 01. 78 BGBl. I, S. 97 zuletzt geändert durch Gesetz vom 25. 02. 85 BGBl. I, S. 425
– Chemikalien-Altstoffverordnung (ChemGAltstoffV)	vom 02. 12. 81 BGBl. I, S. 1239
– Gesetz zur Ordnung des Wasserhaushalts (Wasserhaushaltsgesetz) und Katalog wassergefährdender Stoffe WHG –	vom 27. 07. 57 BGBl. I, S. 1100 in der Fassung der Bek. vom 23. 09. 86 BGBl. I, S. 1529, Ber. S. 1654
– Berichtigung der Neufassung des Wasserhaushaltsgesetzes	vom 14. 10. 86 BGBl. I, S. 1654
– Katalog wassergefährdender Stoffe	GMBl. 1985, S. 175 Bek. d. BMI vom 01. 03. 85 – UIII 6523074/3 – Sammlung von Datenblättern zu offiziell eingestuften Stoffen erhältlich bei: Frau Dr. Kunz Bayerisches Landesamt für Wasserwirtschaft, Lazarettstraße 67 8000 München 19
– Erste Allgemeine Verwaltungsvorschrift über Mindestanforderungen an das Einleiten von Schmutzwasser – 1. Schmutzwasser VwV –	vom 24. 01. 1979 GMBl. S. 40

Regelung zum Schutz von Mensch und Umwelt

– Gesetz über die Vermeidung und Entsorgung von Abfällen (Abfallbeseitigungsgesetz) – AbfG –	vom 07.06.1972, BGBl. I, S. 873, in der Fassung der Bek. vom 27.08.1986, BGBl. I, S. 1410, Ber. S. 1501
– Verordnung über Betriebsbeauftrage für Abfall	vom 26.10.1977, BGBl. I, S. 1913
– Verordnung über das Einsammeln und Befördern von Abfällen (Abfallbeförderungs-Verordnung) – AbfBBefV –	vom 24.08.1983, BGBl. I, S. 1130
– Gesetz über Abgaben für das Einleiten von Abwasser in Gewässer (Abwasserabgabengesetz) – AbwAG –	vom 13.09.1976, BGBl. I, S. 2721, Ber. S. 3007 zuletzt geändert durch Gesetz vom 14.12.1984, BGBl. I, S. 1515

Transportvorschriften – Gefährliche Güter

– Gesetz über die Beförderung gefährlicher Güter geändert durch Gesetz vom 28.03.80, BGBl. I, S. 373	vom 06.08.75 BGBl. I, S. 2121

Sonstige Nachschlagewerke und Vorschriften

– Gefahrgut-Schlüssel	Loseblattsammlung Herausgeber: Kühn-Birett Ecomed-Verlag 8910 Landsberg
–Gefahrguthandbuch	Herausgeber: Ridder Ecomed-Verlag 8910 Landsberg

Allgemeine Literatur

Fachbücher

Asinger F (1975) Die petrolchemische Industrie, 2 Bde. Akademie Verlag, Berlin
Berth P (1986) Der Einsatz von Tensiden in der Bundesrepublik Deutschland – Status und Trends, Henkel KGaA
Bertrich F (1966) Kulturgeschichte des Waschens. Econ-Verlag
Bock KJ, Stache H (1982) Surfactants. In: Hutzinger O (ed) The handbook of environmental chemistry, Vol 3, Part B. Springer, Berlin Heidelberg New York pp. 163–199
Bueren H, Großmann H (1971) Grenzflächenaktive Substanzen. Verlag Chemie, Weinheim
Chwala A, Anger V (1977) Handbuch der Textilhilfsmittel. Verlag Chemie, Weinheim New York
Davidson A, Milwidsky BM (1978) Synthetic detergents, 6th edn. Godwin, London; Wiley, New York
Durham K (1961) Surface activity and detergency, 1th edn. Macmillan, New York London
Falbe J, Hasserodt U (Hrsg) (1978) Katalysatoren, Tenside und Mineralöladditive. Thieme, Stuttgart
Gawalek G (1975) Tenside, Akademie-Verlag, Berlin
Gloxhuber Ch (Hrsg) (1981) Anionic Surfactants: Biochemistry, Toxicology, Dermatology, Surfactants Science Series, Band 10
Hauptausschuß Detergentien: Sachstandsbericht 1986
Hauptmann H (1977) Grundlagen der Wäschereichemie. Spohr, Frankfurt, S 451
Henkel & Cie (1976) Waschmittel-Chemie, Hüthig, Heidelberg
Hummel D (1962) Analyse der Tenside. Hanser, München
Kirk-Othmer, Bd. 19, S 507–593
König H (1971) Neuere Methoden zur Analyse von Tensiden. Springer, Berlin Heidelberg New York
Laux K (1972) Grenzflächenaktive Stoffe. In: Winnacker-Küchler (Hrsg) Organische Technologie Bd. 4/2. S 422–506
Lindner K (1964/1971) Tenside – Textilhilfsmittel – Waschrohstoffe. Bd. I u. II, 1964; Bd. III, 1971. Wissenschaftliche Verlagsgesellschaft, Stuttgart
Longmann GF (1975) The analysis of detergents and detergent products. Wiley, London
Löhr A, Puchta R und Kretschmann J (1969) Tenside, Waschmittel und ihre Herstellung, Henkel KGaA, Düsseldorf

Mc Cutcheons Detergent & Emulsifiers (1984) North America Edition und 1984 International Edition. Mc Publishing Co., Glen Rock, N.J. 1984. (Erscheint jährlich mit Verzeichnis von Herstellern und Handelsnamen von Produkten)
Milwidsky BM (1970) Practical detergent analyses. Mac Nair-Dorland, New York
OECD (1972) Bestimmung der biologischen Abbaubarkeit anionogener synthetischer oberflächenaktiver Substanzen, Verlag der OECD, Paris
Puchta R, Grünewälder W (1973) Textilpflege, Waschen und Chemisch-reinigen. Schiele & Schön, Berlin
Rath H (1972) Lehrbuch der Textilchemie, 3. Aufl. Springer, Berlin Heidelberg New York
Reumuth H (1965) Der Schmutz in seiner ganzen Vielfalt, 100. Mitt. aus dem Institut für angewandte Mikroskopie, Photographie und Kinematographie – Karlsruhe der Fraunhofer-Gesellschaft e.V.
Rosen MJ, Goldsmith HA (1972) Systematic analysis of surface active agents, 2nd edn. Wiley, London
Rosen MJ (1978) Surfactants and interfacial phenomena. Wiley, New York Chichester Brisbane Toronto
Riethmayer SA Grenzflächenaktive Substanzen, Eigenschaften, Übersicht, Verwendung; Seifen, Öle, Fette, Wachse *93* (1967) bis *96* (1970)
Römpps Chemie-Lexikon, 7./8. Auflage 1980/1985, Frankh'sche Verlagshandlung, Stuttgart
Schwartz AM und Perry JW Surface Active Agents, Vol. 1, Interscience Publ., New York 1968, Vol. 2, Huntington, New York 1977
Schönfeldt N (1984) Oberflächenaktive Anlagerungspunkte des Äthylenoxids. Wissenschaftliche Verlagsgesellschaft, Stuttgart
Stache H (Hrsg) (1981) Tensid-Taschenbuch, 2. Aufl. Hanser, München Wien
Stülpel H (1957) Synthetische Wasch- und Reinigungsmittel, 2. Aufl. Kohlhammer, Stuttgart
Ullmanns Encyclopädie der technischen Chemie (1982/1984) 4. Aufl, Bd 22 und 24. Verlag Chemie, Weinheim
Verband der Chemischen Industrie e.V., Frankfurt:
    Chemie und Umwelt – Wasser; Dia-Serie Nr. 14, Grenzflächenaktive Stoffe – Tenside; Umwelt und Chemie von A–Z
Werdelmann BW Tenside in unserer Welt – heute und morgen, Welt-Tensid-Kongreß München 1984, Kongreßbericht I
Wickbold R (1976) Die Analytik der Tenside. Chem. Werke Hüls AG, Marl
Wildbrett G (1981) Technologie der Reinigung im Haushalt. Ulmer, Stuttgart
Winnacker-Küchler (1986) Chemische Technologie, 4. Aufl, Bd 7, C. Hanser Verlag, München

Fachbuch-Serie

Surfactant science series, M. Dekker Verlag, New York

Volume 1:	NONIONIC SURFACTANTS, Martin J. Schick
Volume 2:	SOLVENT PROPERTIES OF SURFACTANT SOLUTIONS, Kozo Shinoda
Volume 3:	SURFACTANT BIODEGRATATION, R. D. Swisher
Volume 4:	CATIONIC SURFACTANTS, Eric Jungermann
Volume 5:	DETERGENCY: THEORY AND TEST METHODS, W. G. Cutler and R. C. Davis
Volume 6:	EMULSIONS AND EMULSION TECHNOLOGY, Kenneth J. Lissant
Volume 7:	ANIONIC SURFACTANTS (in two parts), Warner M. Linfield
Volume 8:	ANIONIC SURFACTANTS-CHEMICAL ANALYSIS, John Cross
Volume 9:	STABILIZATION OF COLLOIDAL DISPERSIONS BY POLYMER ADSORPTION, Tatsuo Sato and Richard Ruch
Volume 10:	ANIONIC SURFACTANTS – BIOCHEMISTRY, TOXICOLOGY, DERMATOLOGY, Christian Gloxhuber
Volume 11:	ANIONIC SURFACTANTS – PHYSICAL CHEMISTRY OF SURFACTANT ACTION, E. H. Lucassen- Reynders
Volume 12:	AMPHOTERIC SURFACTANTS, B. R. Bluestein and Clifford L. Hilton
Volume 13:	DEMULSIFICATION: INDUSTRIAL APPLICATIONS, Kenneth J. Lissant
Volume 14:	SURFACTANTS IN TEXTILE PROCESSING, Arved Datyner
Volume 15:	ELECTRICAL PHENOMENA AT INTERFACES: FUNDAMENTALS, MEASUREMENTS, AND APPLICATIONS, Ayao Kitahara and Akira Watanabe
Volume 16:	SURFACTANTS IN COSMETICS, Martin M. Rieger
Volume 17:	INTERFACIAL PHENOMENA: EQUILIBRIUM AND DYNAMIC EFFECTS, Clarence A. Miller and P. Neogi
Volume 18:	SURFACTANT BIODEGRADATION, Second Edition, Revised and Expanded, R. D. Swisher
Volume 19:	NONIONIC SURFACTANTS: CHEMICAL ANALYSIS, John Cross
Volume 20:	DETERGENCY: THEORY AND TECHNOLOGY, W. Gale Cutler and Erik Kissa
Volume 21:	INTERFACIAL PHEMOMENA IN APOLAR MEDIA, Hans-Friedrich Eicke and Geoffrey D. Parfitt
Volume 22:	SURFACTANT SOLUTIONS: NEW METHODS OF INVESTIGATION, Raoul Zana
Volume 23:	NONIONIC SURFACTANTS: PHYSICAL CHEMISTRY, Martin J. Schick

Volume 24: MICROEMULSION SYSTEMS, Henri L. Rosano and Marc Clausse
Volume 25: BIOSURFACTANTS AND BIOTECHNOLOGY, Naim Kosaric, W. L. Cairns and Neil C. C. Gray
Volume 26: SURFACTANTS IN EMERGING TECHNOLOGIES, Milton J. Rosen
Volume 27: REAGENTS IN MINERAL TECHNOLOGY, P. Somasundara and Brij M. Moudgil
Volume 28: SURFACTANTS IN CHEMICAL/PROCESS ENGINEERING, Darsh T. Wasan, Martin E. Ginn, and Dinesh O. Shah
Volume 29: THIN LIQUID FILMS: FUNDAMENTALS AND APPLICATIONS, I. B. Ivanov
Volume 30: MICROEMULSIONS AND RELATED SYSTEMS: FORMULATION, SOLVENCY, AND PHYSICAL PROPERTIES, Maurice Bourrel and Robert S. Schecter
Volume 31: CRYSTALLIZATION AND POLYMORPHISM OF FATS AND FATTY ACIDS, Nissim Garti and Kiyotaka Sato
Volume 32: INTERFACIAL PHENOMENA IN COAL TECHNOLOGY, Gregory D. Botsaris and Yuli M. Glazman
Volume 33: SURFACTANT-BASED SEPARATION PROCESSES, John F. Scamehorn and Jeffrey H. Harwell
Volume 34: CATIONIC SURFACTANTS: ORGANIC CHEMISTRY, James M. Richmond
Volume 35: ALKYLENE OXIDES AND THEIR POLYMERS, F. E. Bailey, Jr. and Joseph V. Koleske
Volume 36: INTERFACIAL PHENOMENA IN PETROLEUM RECOVERY, Norman R. Morrow
Volume 37: CATIONIC SURFACTANTS: PHYSICAL CHEMISTRY, Donn N. Rubingh and Paul M. Holland

Auswahl informativer Literatur über Kosmetik und kosmetische Reiniger

Adams RM, Maibach HI (1985) A Five-Year Study of Cosmetic Reactions. J Am Acad Dermatol 13:1062–1069

Bilbo RE, Swenson RA (1990) Amphoteric Surfactants A Structure Function Study, Soap, Cosm. Chem Specs 66:46–50, 114–116

CTFA-Cosmetic Ingredients Dictionary, The Cosmetic, Toiletry and Frangrance Association, Inc. Washington, D.C. 2005

Corbett JF (1976) The Chemistry of Hair Care Products. J Soc Dyers Colourists 8:285–303

Falbe J (1986) Surfactants in Consumer Products. Springer, Berlin

Fiedler HP (1988) Lexikon der Hilfsstoffe für Pharmazie, Kosmetik und angrenzende Gebiete. Editio Cantor Verlag, Aulendorf

Fulton JE, Bradley S (1976) Non-Comedogenic Cosmetics. Cutis 17:344–351

132 Allgemeine Literatur

Gloxhuber C (1980) Anionic Surfactants Biochemistry, Toxycology, Dermatology. Marcel Dekker Inc, New York
Greiter F (1985) Moderne Kosmetik, Dr. Alfred Hüthig Verlag, Heidelberg
Hermann F, Ippen H, Schäfer H (1973) Biochemie der Haut. Georg Thieme Verlag, Stuttgart
Hunting AL (1983) Encyclopedia of Shampoo Ingredients. Micelle, Presse Inc, Cranford New York
Hunting AL (1985) The Use of Detoxifying Agents in Shampoo Formulations. Cosmetics & Toiletries 100:49–55
Janistyn H (1973) Handbuch der Kosmetika und Riechstoffe. Dr. Alfred Hüthig Verlag, Heidelberg
Jellinek J (1967) Kosmetologie. Dr. Alfred Hüthig Verlag, Heidelberg
Kemper FH, Lüpke NP (1985) Wirkstoffe in kosmetischen Mitteln. Ärztl Kosmetol 15:184–197
Konservierung kosmetischer Mittel/GKC-Symposium 1986. Verlag für chem Ind H Ziolkowsky, Augsburg (1987)
Kosmetik-Jahrbücher 1977–1990. Verlag f chem Ind, H Ziolkowsky, Augsburg
Lerschmacher P (1983) Neue Erkenntnisse über Wechselwirkungen zwischen Kationtensiden und Haaren. Dissertation, Math-Naturwissenschaftl Fakultät der TH-Aachen
Lietz G (1972) Tenside für Kosmetika. Tenside 9:1–12, 76–87, 125–139
Michailow P (1987) Leitfaden der medizinischen Kosmetik. Georg Thieme Verlag, Leipzig
Myers D (1988) Surfactant Science and Technology. VCH Verlagsgesellschaft, Weinheim
Navarre de MG (1975) The Chemistry and Manufacture of Cosmetics, Continental Press, Orlando Florida
Nowak GA (1984) Die kosmetischen Präparate. Verlag f chem Ind, H Ziolkowsky KG, Augsburg
Reng AK, Righetti R, Quack JM (1987) Erfahrungen mit in vitro-Prüfmethoden zur Charakterisierung kosmetischer Tenside. Parfümerie und Kosmetik 68:771–778
Rieger MM (1985) Surfactants in Cosmetics. Marcel Dekker Inc, New York
Schrader KH (1979) Grundlagen und Rezepturen der Kosmetika. Dr. Alfred Hüthig Verlag, Heidelberg
Schuster G (1985) Emulgatoren für Lebensmittel. Springer, Berlin
Stache H (1985) Tensid-Taschenbuch. Carl Hanser Verlag, München
Thoma K (1989) Apothekenrezeptur und -defektur. Deutscher Apotheker Verlag, Stuttgart
Umbach W (1988) Kosmetik. Georg Thieme Verlag, Stuttgart
Wallhäuber KH (1988) Praxis der Sterilisation Desinfektion – Konservierung. Georg Thieme Verlag, Stuttgart
Zahn H, Finnimore E, Spei M (1985) Reaktionen von Tensiden mit Wolle, Haar und Stratum Corneum. 98 Schriftenreihe des Deutschen Wollforschungsinstitutes Aachen
Zviak C (1986) The Science of Hair Care. Marcel Dekker Inc, New York

Zeitschriften

PARFÜMERIE UND KOSMETIK, Heidelberg
SEIFEN, ÖLE, FETTE, WACHSE, Augsburg
ÄRZTLICHE KOSMETOLOGIE, Karlsruhe
FETTE, SEIFEN, ANSTRICHMITTEL, Hamburg
TENSIDE, München
JOURNAL OF THE SOC. OF COSM. CHEMISTS, New York
INT. JOURNAL OF COSMETIC SCIENCE, London
PARFUMS, COSMETIQUE, AROMES, Paris
COSMETICS & TOILETRIES, Wheaton, USA
HAPPI, USA
SOAP, COSMETICS, CHEMICAL SPECIALITIES, USA
JOURNAL OF APPLIED COSMETOLOGY, Rom
RIV. ITAL. ESSENZE PROFUMI, Mailand

Sachverzeichnis

Abbau, biologischer 97, 116
-, Eliminationsgrad 101
Abbaumechanismus von LAS 103
Abfallbeseitigungsgesetz 127
Ablösung des Schmutzes 42–47
ABS 6, 53, 54
Abstoßung 44
Abwasserabgabegesetz 127
Abwasserbehandlung, biologische 99
Abwasser-Reinigung, biologisch 99
-, mechanisch 99
-, chemische Nachbehandlung 99
-, spezielle Verfahren 100
Abwasser-Reinigungsanlage 12
Abwasserverbrennung 100
AD-Test 102
ADS-System 82, 96
Adsorption 100
Adsorptionsschicht 40
Aerosolschmutz 23
Algenwachstum 97
Alkansulfonat 56
Alkylbenzolsulfonat 6, 53, 54
-, Herstellung 54
Alkylbetaine 63
Alkylether-Sulfate 59
Alkylierung von Benzol 54
Alkylphenoloxethylat 60, 82, 90, 96, 108
Alkylphenolpolyglykolether 60, 82, 90, 96, 108
Alkylpolyglykolether 60
Alkylpolyglykoside 113, 117
Alkylsulfobetaine 63
Alpha-Olefine 54, 57
Alpha-Olefinsulfonat 57
Alpha-Sulfofettsäurester 58

Ames-Test 107
Aminoxid 52
Ammoniumverbindungen, quartäre 53, 62
Amphotenside 36, 63
Amphotere Tenside, Herstellung 63
Amylase 72, 119
Anabolismus 101
Aniontenside 36, 53
Anschmutzung, künstliche 24
AOS 57
APEO 60, 82, 90, 96, 108
Aquatische Probleme 97
Aquatische Toxikologie 106
Aufbau der Tenside 34
Aufheller, optische 73
Aufladung, elektrische 44
Aufsprühverfahren 93
Automatisches Dosier-System 82
Avivagemittel 84

Bakterien-Schmutz 23
Baukastenprinzip 31
Baukasten-Waschmittel 31, 81
Baumwolle 17, 20
Beads 94
Behenate 119
Benetzung 39–41
Bestätigungstest 103
Beta-Oxidation 104
BiAS 102
Biologischer Abbau 97, 116
Biologische Abwasserbehandlung 99
Biomasse 99
Bleichaktivatoren 50, 69
Bleiche, oxidativ 68

Sachverzeichnis 135

Bleiche, reduktiv 68
Bleichmittel 50, 66, 97
Blockmicellen 37
Bottichwaschmaschine 28, 30
Builder 97
Buntwaschmittel 78

CSB 102
Calcium-Bindevermögen 64, 65
Carboxylate 59
Carboxymethylcellulose 71
Cellulase 72, 119
Cellulose-Kunstfasern 18
Chelatisierung 66
Chemiefasern 18
–, aus synth. Rohstoffen 19
Chemikalien-Altstoffverordnung 126
Chemikaliengesetz 123
Chemisch-Reinigung 27
Chlorbleichlauge 30, 50, 55
Chlorparaffine 54
Chronische Toxizität 116
Co-Builder 50, 98
Coulombsche Kräfte 42
Coupled Units Test 110

DAED 109
Dampfwaschmaschine 7
Detergentien 48
Detergentiengesetz 120
Dioxan 60
DOC 101
Druckspaltung 90

Einweichmittel 83
Eiweiß-Kunstfasern 19
Ekzeme 113
Elektrokinetisches Potential 45
Elektrostatische Kräfte 42
Embryotoxizität 114
Energie, potentielle 44

Energieverbrauch einer
 Waschmaschine 31
Enthärter 83
Enzyme 71
–, geschichtlicher Überblick 72
Enzymprills 9
Ethylendiamintetraessigsäure EDTA 65
Ethylenoxid 60
Eutrophierung 97
Exanthem 113

FAS 58
FCKW 96
Feinseife 90
Feinwaschmittel 78
FES 61
Fettalkoholsulfate 58
Fettsäurealkylolamide 61
Fettspaltung 90
Fewa 58
Fibrillen 16
Flockung, Fällung 99
Flottenverhältnis 87, 88
Flottenvolumen 87
Flüssige Seifen 90
Flüssigsteifen 84
Flüssigwaschmittel 79
Formspüler 85
Friedel-Crafts-Reaktion 54
Frontlader 30

Gardinenwaschmittel 80
Gefahrengut-Handbuch 127
Gefahrengut-Schlüssel 127
Gefahrenstoffverordnung 124
Gegenstrom-Waschmaschine 32
Gentoxizität 114
Gerüstsubstanzen 50, 64
Geschichtliche Entwicklung
 der Waschmittel 4
Gesetze 120–127
Gewerbeordnung 126
Gewerbliche Wäscherei 32
Grenzflächenspannung 27, 39

Sachverzeichnis

Härte des Wassers 27
Härtebereiche 122
Härtegrad-Umrechnung 29
Hauptausschuß Detergentien 107
Hauptausschuß Phosphate und
  Wasser 112
Haut 22
–, Quellung 114
Hautreizungen 112
Hautverträglichkeit 112
Heißluft-Sprühverfahren 93
Heißsprühverfahren 92
Herstellung von Seife 90
Herstellung von Waschpulver 92
Humantoxikologie 112
hydrophil 34
hydrophob 34
Hygiene 78

Imidazolinium-Salz 63
Industrie-Seifen 90
Industriewaschmaschinen 32
Ionenaustauscher 66, 67
Irritationen 112

Kalk-Bindevermögen 64, 65
Kanzerogenität 114
Kataboliten 101
Katalog wassergefährdender Stoffe
  126
Kationtenside 36, 62
–, Waschwirkung 45
Keimzahl 23, 78
Kernseife 90
Kläranlage 12
Klärschlamm 99
Klärstufe, anaerob 99
Kochwaschmittel 75
Kompaktwaschmittel 82
Komplexbildner 12, 13
Komponentenwaschverfahren 82, 89
Kontaktallergie 113
Kontaktschmutz 23
Korrosions-Inhibitoren 74
Kosmetikverordnung 125

Kritische Micellbildungskonzentration
  38
Kugelmicellen 37
Künstlicher Schmutz 25

Ladung, elektrische 40, 41
Langzeitexposition, chronische 106
–, subakute 106
LAS 120
–, Abbaumechanismus 103
LAS-Herstellung 53
LAS-Verhalten 56
LC-Index 106
Lebensmittel- und
  Bedarfsgegenstände-Gesetz 125
Leimniederschlagsverfahren 91
Lipase 72, 119
Lipidfilm 112
lipophil 35
lipophob 35

Markennamen von Textilfasern 22
MBAS 102
Medizinalseife 90
Metallseifen 90
Micellbildung 36
Micellbildungskonzentration,
  kritische 38
Micellen 37
Mischgewebe 21
Molkeprodukte 117
Mutagenität 114

Nachbehandlungsmittel 84
Naßoxidation 100
Na-Triphosphat 97
Natrium-Aluminium-Silikat 90
Natriumperborat 68
Natriumpercarbonat 97
Naturfasern, pflanzliche 17
–, tierische 18
Netzwert 39
Nichtionische Tenside 36, 60
Niedrig-Temperatur-Waschmittel 78
Niotenside 36, 60

Nitrilotriessigsäure 65
NOEC-Werte 107
Nonionics 60
NTA 96

Oberflächenspannung 27, 39
OECD-Confirmatory-Test 101
OECD-Screening-Test 100
Öko-Bilanz 117
Ökoschleuse 88
Ökowaschmittel 116
Olefinsulfonat 57
Optische Aufheller 73
Orale LD 50 115
Orale Toxizität, akute 114
–, chronische 114
Oxethylate 60
Oxethylierungsgrad 61

P-Elimination 109
P-Höchstmengen-Verordnung 76, 98, 125
Parfüm 74
Perborat 68, 97
Percarbonat 97
Permanente Härte 27
Peroxid-Bleiche 68
Persäure 70
Phosphonsäuren 65
Pigmentschmutz 23
Poisson-Verteilung 60
Polycarboxylate 109
Potentielle Energie 44
Primärabbaubarkeit 101
Pro Kopf Verbrauch von Waschmitteln 3
Produktion von Textilfasern 20
Produktion von Waschmitteln 2
Propylenoxid 60
Protease 72, 119

Quartäre Ammoniumverbindungen 62
Quaternierung 62

Quellung der Faser 83
Quellung der Haut 114
Quellungsmessung 113

Rahmenrezepturen 77, 81, 78
Randwinkel 39
Reaktivspaltung 90
Reinigungsmittel 3
Reinigungsstufen von Kläranlagen 98
Remineralisierung 104
Reversierrhythmus 30
Richtlinien der EG 121

Sachstandsbericht, Nichttenside 109, 110
–, Tenside 104
SAS 56
Sasil 64
Säurespaltung 90
Schaumregulatoren 59, 71
Schaumstabilisatoren 61
Schlamm-Faulung 99
Schmierseife 90
Schmutz 23
–, Aerosol 23
–, Bakterien 23
–, Eigenschaften 23
–, Kontakt 23
–, Zusammensetzung 25
Schmutzablösung 41
Schmutztragevermögen 40
Schmutzwegspülung 47
SHOP-Prozeß 57
Schüttgewicht 94
Schutz von Mensch und Umwelt 124
Schweiß, Zusammensetzung 25, 26
Seife 59
Seifen-Herstellung 90
Seifenflocken 90
Seifenleim 91
Seifenspäne 92
Siliconöl 71
Silikate 74
Sinner'scher Kreis 15

Sachverzeichnis

Slurry 94
Sodium-Aluminium-Silikat 90
Soil release Effekt 86
Spezialwaschmittel 78
Sprüh-Mix-Verfahren 93
Sprühturm 92
Spülstufen 47
Stabmicellen 37
Stauffer-Fett 90
Steifen 84
Stellmittel 78
Stern-Schicht 40
Strangpresse 92
Straßenstaub 25
Strippung 100
Sulfatierung 60
Sulfochlorierung 56
Sulfofettsäureester 58
Sulfonierung 54
Sulfoxidation 56
Sultone 57
Syndets 48
Synthesefasern, modifiziert 21
Synthetics 21
Systematik der Tenside 34

TAED 69, 70, 109
Temporäre Härte 27
Tennen-Verfahren 92
Tenside 6, 50, 52, 53
–, amphotere 36, 63
–, anionische 36, 53
–, chemischer Aufbau 36
–, Eigenschaften 36
–, kationische 36, 62
–, molekularer Aufbau 34
–, nichtionische 36, 60
–, Systematik 34
–, Verbrauch 97
Tensidverordnung 124
Tetraacetylethylendiamin TAED 70, 109
Tetrapropylenbenzolsulfonat 6, 105, 120
Textilfasern, Markennamen 22
–, Weltproduktion 20
Textilien, Entwicklung 119
Textilkunde 16
Tierversuche 113
Toilettenseife 90
Toplader 30
Totalabbaubarkeit 101
Tournantöle 6
Toxikologie, aquatische 106
Toxizität, chronische 116
–, gegen Wasserorganismen 110
Toxizitätsteste 107
TPBS 6, 120
Transportvorschriften 127
Triphosphat 97
Trommelwaschmaschine 28, 30
Türkischrotöl 6

Überdüngung 7
Umnetzung 40, 43
Umwelt 95
Umwelt-Investitionen 96
Universalwaschmittel, flüssig 81
Universalwaschmittel, pulverförmig 75, 77
Universalwaschpulver 49
Unterlaugeverfahren 91

Van der Waal'sche Kräfte 42
Verdünnungsprozeß 47
Vergiftungen 115
Vergrauungsinhibitoren 71
Verteilungsspektrum, Oxethylate 60
Verträglichkeitsprüfung 121

Wäscheblau 73
Waschen, Definition 16
Wäscherei, gewerbliche 32
Wäscheschädigung 69
Waschhilfsmittel 83
Waschkugel 88

Waschmaschinen 30
–, Energieverbrauch 31
–, Entwicklung 119
–, Industrie 32
–, Wasserverbrauch 31
Waschmedium 27
Waschmethoden 8, 9, 10
Waschmittel, Baukasten 81
–, Entwicklung 119
–, Flüssig 79
–, geschichtliche Entwicklung 4
–, Koch 75
–, Kompakt 82
–, Öko 116
–, phosphatfrei 98
–, pro Kopf Verbrauch 3
–, Produktion von 2
–, 60° 76, 78
–, und Umwelt 11
–, Universal, pulverförmig 51, 57
–, wirtschaftliche Bedeutung 1
Waschmittelgesetz 120
Waschmittelgesetzgebung 120
Waschmittel-Inhaltsstoffe 50, 51
Waschpasten 83
Waschprozeß 15, 34, 39
Waschprozeß, chemisch-physikalische Eigenschaften 34
Waschpulver-Herstellung 92
Waschtemperatur 30

Wasch- und Reinigungsmittelgesetz 120
Waschverfahren 87
Waschvollautomaten 7, 30
Waschwirkung von kationischen Tensiden 45–47
Wasserhärte 27–29
–, permanente 27
–, temporäre 27
–, Umrechnung 29
Wasserhaushaltsgesetz 126
Wasserverbrauch einer Waschmaschine 31
Weichspülmittel 85
Weißgrad 73
Weißtöner 73
Weltproduktion von Textilfasern 20
Wesserlinger Verfahren 6
Wolle 18, 20
Wollwaschmittel 80

X-Waschmaschinen 32

Y-Waschmaschinen 32

Zein-Test 113
Zeolith-Dispersion 81
Zeolith 4A 64
Zetapotential 46

GPSR Compliance

The European Union's (EU) General Product Safety Regulation (GPSR) is a set of rules that requires consumer products to be safe and our obligations to ensure this.

If you have any concerns about our products, you can contact us on

ProductSafety@springernature.com

In case Publisher is established outside the EU, the EU authorized representative is:

Springer Nature Customer Service Center GmbH
Europaplatz 3
69115 Heidelberg, Germany

www.ingramcontent.com/pod-product-compliance
Lightning Source LLC
LaVergne TN
LVHW010300260326
834688LV00044B/1386